わかりやすく図で学ぶ
コンピュータアーキテクチャ

野地 保 著

共立出版

はじめに

　パソコンの普及により，コンピュータやインターネットが身近な存在となり，誰でもがワープロ，表計算，電子メールなどのパソコン操作を行える時代となってきている。操作に慣れてくると，パソコンの自作，プログラミング，オペレーティングシステムにも興味を持ってくる。プログラミングでは，コンピュータの仕組みを多少理解していたほうが上達も早い。また，いろいろな制御システムの開発にはコンピュータアーキテクチャの知識が必要になってくる。

　コンピュータに関する国家試験としては情報処理技術者試験があり，システムアドミニストレータ試験では，コンピュータの基本的な知識が，基本情報処理では，コンピュータ全般並びにプログラミングの知識が問われる。特に，C 言語やアセンブラ言語 CASL II の理解には，コンピュータアーキテクチャの知識の応用が有用である。

　本書は，このような背景から，コンピュータシステム全体に関する設計思想であるコンピュータアーキテクチャの概要について理解を助けることを目的に書き下ろした。

　対象は，文系，理系両方の学生で，文系の大学，短大，専門学校の学生には，コンピュータ概論，プログラミングの入門的位置付けとし，理系の学生には，ソフトウェア工学，オペレーティングシステム，プログラミング，アーキテクチャ開発の専門への意識付けとなる内容としている。

　セメスター制の学生を対象としているため，半期 30 回の授業に合わせて各章が 1〜2 回で完結する構成としている。半期 15 回の場合には，内容を選択してほしい。

　本書の執筆にあたっては，次の点に留意した。
（1）　読みやすくするために文章を少なくして，絵や図・表で理解できるように表現した。また，文字も大きくした。

(2)　専門用語に英語を付記して，学習の助けになるように工夫した。

(3)　情報処理システム，コンピュータシステム，オペレーティングシステムなど，コンピュータアーキテクチャをユーザに近い視線で解説した。

　コンピュータに興味を持つ読者の参考本になれば幸いである。

　最後に，本書の刊行にあたり，多大な努力をいただいた羽生田洋子氏をはじめ共立出版（株）編集部の方々に感謝する。

2004年春　　　　　　　　　　　　　　　　　　　　　　　野　地　　保

目次

第1章 コンピュータアーキテクチャの基本 ……… 1
- 1.1 コンピュータアーキテクチャとは 2
- 1.2 コンピュータ発展の歴史 5
- 1.3 コンピュータアーキテクチャの概要 8
- まとめ 14
- 演習問題 14

第2章 情報の表現と単位 ……………………… 15
- 2.1 情報の単位 16
- 2.2 数値の表現 19
- 2.3 文字の表現 33
- 2.4 誤り検出と訂正 35
- 2.5 論理演算 37
- まとめ 40
- 演習問題 40

第3章 命令セットアーキテクチャ ……………… 41
- 3.1 命令の形式 42
- 3.2 アドレス指定方式 46
- 3.3 命令の種類 50
- まとめ 53
- 演習問題 53

第4章 制御アーキテクチャ ……………………… 55
- 4.1 命令実行制御 56
- 4.2 マイクロプログラム制御 59
- 4.3 高速化アーキテクチャ 65
- 4.4 割込み制御 73

まとめ 76
演習問題 76

第5章 演算アーキテクチャ 77
5.1 演算の基本 78
5.2 演算アルゴリズム 85
まとめ 94
演習問題 94

第6章 メモリアーキテクチャ 95
6.1 記憶階層 96
6.2 仮想記憶 103
6.3 高速化手法 108
まとめ 118
演習問題 118

第7章 入出力アーキテクチャ 119
7.1 入出力処理方式 120
7.2 チャネルインタフェース 124
7.3 入出力インタフェース 127
7.4 周辺装置 130
まとめ 132
演習問題 132

第8章 ネットワークアーキテクチャ 133
8.1 コンピュータネットワーク 134
8.2 分散処理アーキテクチャ 140
8.3 データ通信制御 143
まとめ 150
演習問題 150

第 9 章　VLSI アーキテクチャ　　151

9.1　マイクロアーキテクチャ　　*152*
9.2　VLSI 設計技術　　*162*
まとめ　　*166*
演習問題　　*166*

第 10 章　システムアーキテクチャ　　167

10.1　システムソフトウェア　　*168*
10.2　性能評価　　*172*
10.3　信頼性　　*177*
まとめ　　*183*
演習問題　　*183*

第 11 章　新しいアーキテクチャ　　185

11.1　ノイマン型アーキテクチャの改良　　*186*
11.2　新しい分野　　*188*
まとめ　　*194*
演習問題　　*194*

演習問題解答例　　195
参　考　文　献　　198
索　　　　　引　　199

第1章
コンピュータアーキテクチャの基本

＊本章の内容＊

1.1　コンピュータアーキテクチャとは
　　1.1.1　コンピュータシステムの階層構造
1.2　コンピュータ発展の歴史
1.3　コンピュータアーキテクチャの概要
　　1.3.1　コンピュータの基本機能
　　1.3.2　コンピュータアーキテクチャの基本
　　1.3.3　コンピュータアーキテクチャレベル
　　1.3.4　コンピュータアーキテクチャの仕組み
　　まとめ
　　演習問題

　この章では，コンピュータの基本的な構造や機能との関連やコンピュータアーキテクチャの考え方について述べ，コンピュータ発展の歴史を考察し，コンピュータアーキテクチャの概要を解説する。

1.1 コンピュータアーキテクチャとは

1.1.1 コンピュータシステムの階層構造

アーキテクチャ（architecture）の本来の意味は建築様式である。情報処理の分野では，広義には，**ハードウェア**（hardware），**ソフトウェア**（software），ネットワーク（network）などの設計思想であり，その様式や機能と構成を意味する。各機能レベルに対応してアーキテクチャが存在し，その内容を表す言葉をつけて，例えばコンピュータアーキテクチャ，ネットワークアーキテクチャ，システムアーキテクチャなどと呼ばれる。

一方，狭義には，プログラマやオペレーティングシステム（OS：operating system）からみたハードウェアに関する基本的な論理仕様であり，ハードウェアと OS とのインタフェースは通常，**機械語**（machine language）で処理することから**命令セットアーキテクチャ**（instruction set architecture）とも呼ばれる（表1.1）。

表1.1 コンピュータシステムの機能階層別アーキテクチャ例

アーキテクチャ名	機能レベル
システムアーキテクチャ	コンピュータシステム
ネットワークアーキテクチャ	ネットワーク
ソフトウェアアーキテクチャ	ソフトウェア
OS アーキテクチャ	オペレーティングシステム（OS）
ハードウェアアーキテクチャ	ハードウェア
命令セットアーキテクチャ	機械語（命令）
CPU アーキテクチャ	中央処理装置
入出力アーキテクチャ	入出力装置
メモリアーキテクチャ	記憶階層
制御アーキテクチャ	制御装置
マイクロプログラムアーキテクチャ	マイクロプログラム
マイクロアーキテクチャ	マイクロプロセッサ

A. ノイマン型アーキテクチャ

フォン・ノイマン（J.von Neumann）が提案したプログラム内蔵方式の基本的コンピュータアーキテクチャをノイマン型アーキテクチャと呼ぶ。

B. コンピュータアーキテクト

通常，コンピュータアーキテクチャはコンピュータの構造設計と解釈され，コンピュータアーキテクチャの設計者を**コンピュータアーキテクト**と呼ぶ。アーキテクチャ技術はコンピュータ理論，製造，利用技術を含む多面的な要素を必要とし，コンピュータアーキテクトは，製品企画段階からコンピュータシステム全体の機能，性能，拡張性，互換性，価格などを把握しながら設計を進める必要がある。

C. 価格と性能

コンピュータは，利用される情報処理システムの処理形態に応じて，例えば一般的な事務処理，科学技術計算，産業システム，銀行業務など対象となる業務や分野により必要な機能，装置，価格などが決まってくる。コンピュータアーキテクトは，市場動向をもとに製品企画の段階からコンピュータシステムの規模，機能，性能，価格，互換性などの基本仕様を設定する。

D. ハードウェア，ソフトウェアのトレードオフ

コンピュータアーキテクチャの機能は，ハードウェアとソフトウェアどちらか最適な方法で実現する必要がある。ハードウェアで実現すると，性能は向上するが，コスト面，拡張性で問題が発生することをあらかじめ想定しなければならない。一方，ソフトウェアで実現すると拡張性，柔軟性には優れるが，性能面への影響を考慮する必要がある。両方の役割分担を決め，最適化設計を行うことを**トレードオフ**と呼ぶ。

E. 情報処理とコンピュータ

情報処理にコンピュータが使われる背景には，コンピュータの速度が速く，処理能力が人間に比べて高いことが挙げられる。現在のパソコンはCPUの動作周波数（クロック周波数：clock frequency または clock rate ともいう）も GHz（ギガヘルツ）に達している。例えば，コンピュータの命令実行時間が 1 ns（10 億分の 1 秒）とすると，人間が 1 億年掛かってできる仕事をコンピュータはおおよそ 1 年で処理してしまう計算になる。

F. コンピュータの種類

　半導体技術により小型化，性能向上への発展が著しく，いわゆるダウンサイジング（down sizing）の状況にある。コンピュータは，一般的に適用分野や搭載されたオペレーティングシステム，大きさ，性能，価格などの違いにより分類される。例えば，大規模な科学技術計算用のスーパコンピュータ，事務処理，科学技術計算両方に対応する汎用コンピュータ，UNIXを搭載し，CAD 分野，制御システム分野，分散処理分野に適したワークステーション，GUI（graphical user interface）にすぐれたパソコンなどである。これらのコンピュータの機能や構成は，メモリから命令，データを逐一読み出して実行するノイマン型アーキテクチャを基本としている。

G. コンピュータシステム

　ハードウェアとシステムソフトウェア（system software）を合わせてコンピュータシステム（computer system）と呼ぶ。システムソフトウェアは，OS 機能を含み，ハードウェアの効率的運用を図る。ハードウェアは，論理回路からなる基本ハードウェア（basic hardware）とマイクロプログラム（microprogram）などから構成される。コンピュータシステムに業務に対応した**応用ソフトウェア**（application software）をのせたものを**情報処理システム**（information processing system），または**データ処理システム**（data processing system）と呼ぶ。ここでは，情報処理システムとコンピュータシステムとのインタフェースをシステムアーキテクチャと呼ぶ（図 1.1）。

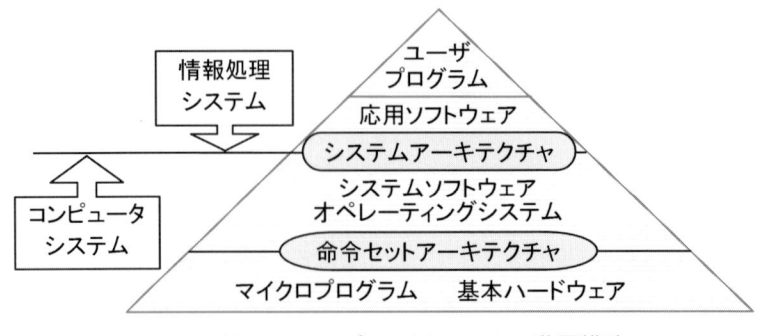

図 1.1　コンピュータシステムの階層構造

1.2 コンピュータ発展の歴史

紀元前ピラミッドの時代から計算の道具として（砂）そろばんが利用されていた。人間はコンピュータ誕生以前から，人間社会の発展に伴い，計算の機械化，自動化を目指してきた。

当初，コンピュータは膨大な数値計算を高速に実行することが目的であった。その後，単純計算の多量の繰返し演算から非数値のデータ処理への利用へと応用分野が拡大していった。工場の自動化，オフィスの自動化，マルチメディア処理，インターネット，自然言語の翻訳などあらゆる分野でコンピュータが利用されている（図1.2）。

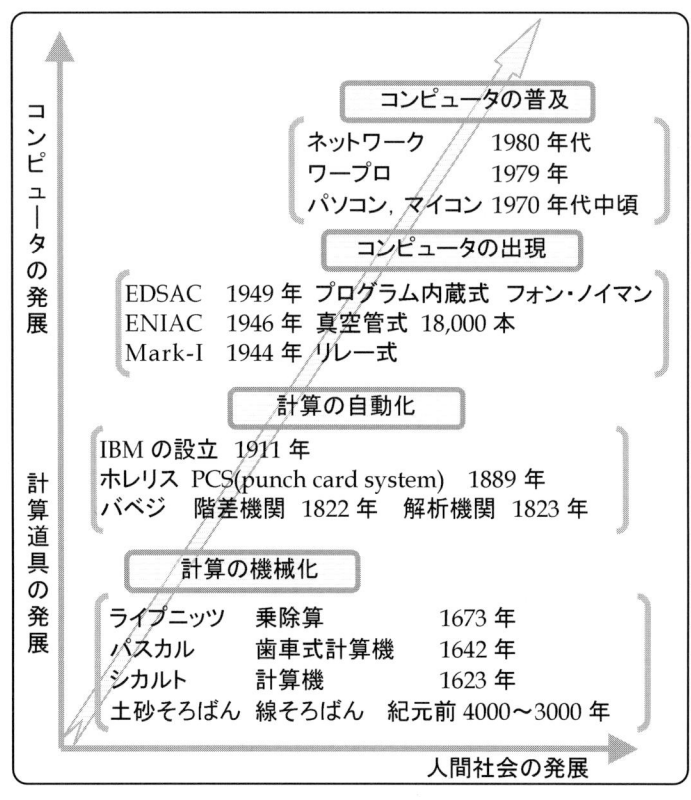

図1.2　コンピュータ発展の歴史

コンピュータ技術は，アーキテクチャとテクノロジの進歩に支えられ発展，世代交代を繰り返してきている．以下，年代別にまとめて示す．

コンピュータ技術の発展

第1世代(1945-1955年)：真空管と配電盤の時代

1942年	Atanasoff, J.V.のコンピュータ　世界最初(未完成)
1943-46年	**ENIAC**(EckertとMauchly；ペンシルベニア大学) 電子式汎用コンピュータの誕生 プラグボードとスイッチによるプログラム 真空管1万8千本　連続使用数十分程度 30 m×3 m×1 m　30トン
1945-52年	**EDVAC**(J. von Neumann)コンピュータ利用の基本原理 ストアードプログラム方式(ノイマン型)の考案
1947-49年	**EDSAC**(M.V.Wilkes；ケンブリッジ大学) ノイマン型の実現　情報取出し時間大 記憶装置にループ状構成の遅延線

第2世代(1955-1965年)：トランジスタとバッチシステムの時代

故障率 1/100　大きさ 1/20　計算速度 100倍
バッチジョブシステム　出力作業はオフライン　FORTRAN　アセンブリ言語

1957-60年	**LARC**(Remington　Rand社)
1957-61年	**IBM7090**(科学計算用)，**IBM1401**(事務用)

第3世代(1965-1980年)：ICと多重プログラミングの時代

スプーリング　タイムシェアリングシステム　消費電力とコスト低減　信頼性向上

1964年	**IBM 360**シリーズ　ICを使用　OS/360
1965-71年	通産省大型プロジェクト「国産高性能電子計算機開発プロジェクト」創設
1965年	**PDP-8**(DEC)　ミニコンピュータの幕開け　UNIX
1970年	**IBM 370**シリーズ　LSIを使用　OS/370 MVS
1974年	**Alto**(Xerox社)ビットマップディスプレイとマウスを使用
1976年	**Apple-I**(Apple)　パーソナルコンピュータの幕開け MAC/OS
1979年	**PC-8001**(NEC) PC-98シリーズ

1.2 コンピュータ発展の歴史

```
第 4 世代(1980-1990 年)：VLSI とネットワーク/分散 OS の時代
           RISC チップ　ユーザフレンドリ　GUI
1980 年  3081-4(IBM)　　IBM-PC(IBM)　　MS/DOS
1984 年  SUN-I　　ワークステーションの登場
         X ウィンドウシステムの開発
1985 年  Windows 3.0
```

```
第 5 世代　：　知識処理方式を特徴とする非ノイマン型
       エキスパートシステムなどの専用マシン　並列型推論マシン
                知識ベースマシンを基本
1981 年　ICOT(新世代コンピュータ技術開発機構)
```

```
                  パソコンの時代
1992 年　分散処理システムの導入
         クライアント・サーバシステムの普及
1995 年　パソコンの一般家庭への普及　　Windows 95
1998 年　インターネットの普及
2000 年　GHz マイクロプロセッサの誕生　Windows 2000
2001 年　ブロードバンドの普及　Windows XP
```

1.3 コンピュータアーキテクチャの概要

1.3.1 コンピュータの基本機能

コンピュータは入力，記憶，演算，出力，制御の五大機能から成り立っている（図1.3）。五大機能を人間の体にたとえると，眼や耳は情報を取り込む働きの器官で入力に相当し，頭脳は情報を記憶して処理する働きの器官で記憶，演算，制御，口や手足は情報を表現する働きの器官で，出力に相当する。

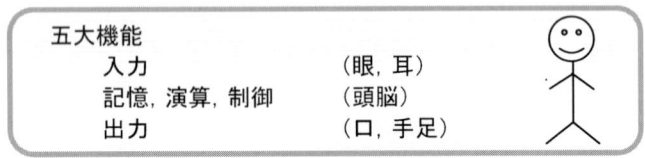

図1.3 コンピュータの五大機能

1.3.2 コンピュータアーキテクチャの基本

五大機能は基本的な装置（unit）で構成される（図1.4）。この構成は，メモリに格納されたプログラムを逐次取り出し実行する（逐次処理）プログラム内蔵方式（stored program）で，1946年頃にノイマンが提案した基本的コンピュータアーキテクチャ（ノイマン型アーキテクチャ）である。現在の汎用コンピュータ，ワークステーション，パソコンなど多くのコンピュータは，ノイマン型アーキテクチャを基本としている。

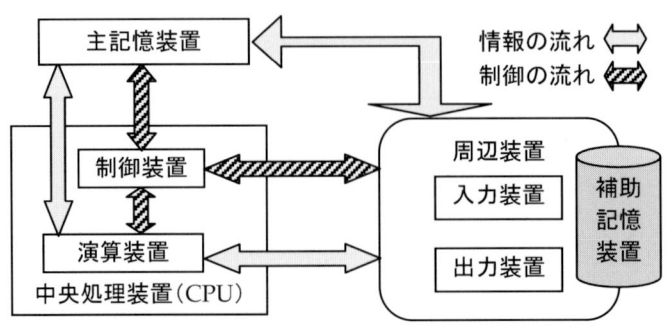

図1.4 コンピュータの基本構成

1.3.3 コンピュータアーキテクチャレベル

ノイマン型アーキテクチャを基本として，コンピュータの五大機能に対応した各装置の論理仕様をアーキテクチャと考え分類する（図1.5）。

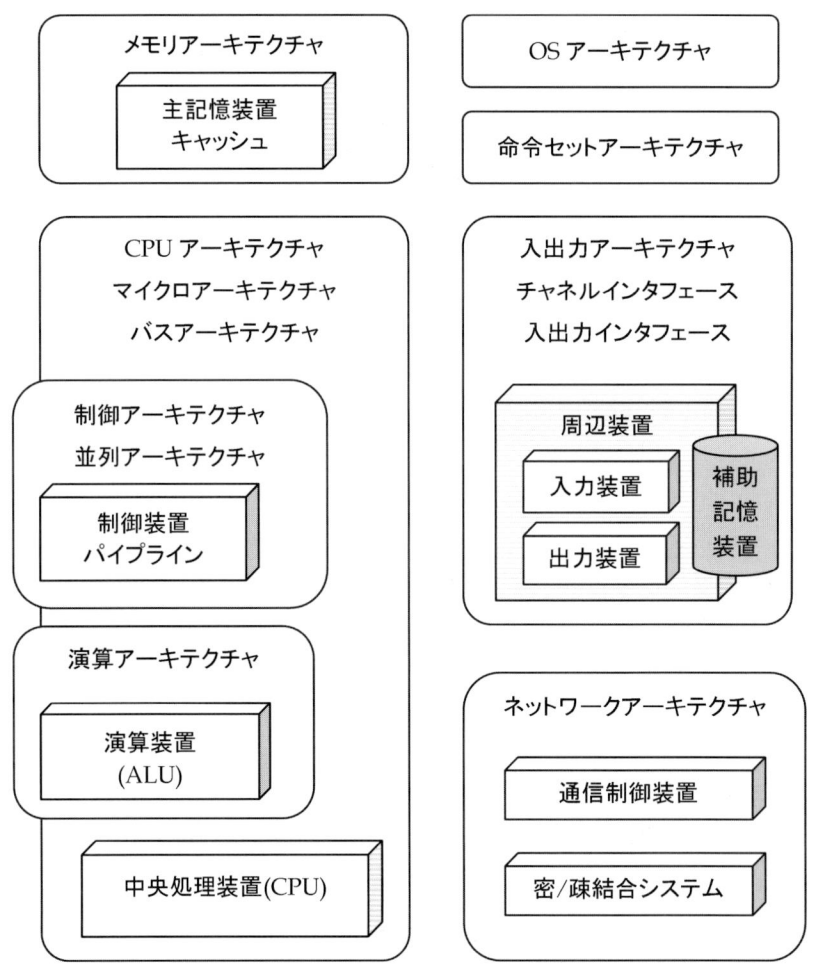

図1.5 コンピュータシステムのアーキテクチャレベル

OSアーキテクチャは命令セットアーキテクチャを介して各装置とのデータ交換を行う。

A. 中央処理装置－CPU（central processing unit）アーキテクチャ

制御装置と演算装置は一体化して，プログラムの命令実行処理に直接かかわることから，CPU あるいは，単に処理装置（PU：processing unit）と呼ぶ。

（1） 演算装置（arithmetic unit）－演算アーキテクチャ

算術論理演算装置（ALU：arithmetic and logic unit）を持ち，四則演算（加減乗除）と論理演算，シフト演算，ビット演算などを実行する。

（2） 制御装置（control unit）－制御アーキテクチャ

命令の実行制御，システム制御などを司る。マイクロプログラム制御，パイプライン制御などがある。

B. 記憶装置（memory unit）－メモリアーキテクチャ

CPU が直接制御するコンピュータ内部の記憶装置を内部記憶装置，主記憶装置（main memory unit）などと呼び，コンピュータ外部にあって主記憶装置を補う記憶装置を補助記憶装置（auxiliary storage）または，外部記憶装置（external storage）などと呼ぶ。補助記憶装置はデータの出し入れに入出力動作を伴うため，入出力装置（I/O unit）として取り扱う。

主記憶装置は，コンピュータ内部で処理するデータやプログラムを記憶する。記憶媒体には，電源の供給がなくなると記憶が消えてしまう揮発性メモリ，データ書換え可能な RAM（random access memory）が使用される。

C. 周辺装置－入出力アーキテクチャ

CPU と主記憶装置以外の装置を周辺装置（peripheral equipment）と呼ぶ。周辺装置の中には，入力と出力を行う装置もあり，入出力装置とも呼ぶ。主記憶装置を補う目的の外部記憶装置を補助記憶装置と呼ぶ。

（1） 入力装置（input unit）

外部表現されたデータやプログラムをコンピュータ内部で処理できる内部表現（2進表現）に変換する装置である。

キーボード，マウス，光学式マーク読取り装置（OMR），イメージスキャナなどがある。

(2) 出力装置（output unit）
内部コード表現されたデータを人間が読みやすい文字などに変換，表示する装置で，プリンタ，ディスプレイなどがある。

(3) 補助記憶装置（auxiliary storage）
プログラムやデータを格納する外部記憶装置で仮想空間を提供する。ハードディスク装置（HDD：hard disk drive），フロッピディスク装置（FDD：floppy disk drive／flexible disk drive），USB メモリ装置，光ディスク（optical disk）装置として CD-ROM（compact disk-read only memory）装置，DVD（digital versatile disk）装置，MO（光磁気ディスク：magneto-optical disk）装置などがある。

D. 通信制御装置－ネットワークアーキテクチャ
分散処理，コンピュータネットワーク構成を可能とする装置でモデム，LAN 接続装置などがある。

1.3.4 コンピュータアーキテクチャの仕組み

補助記憶装置からメモリに読み込まれたデータとプログラムの命令はCPU で逐次処理される。ここでは，命令セットアーキテクチャの基本的要素である命令がどのように逐次的に取り出され，実行されていくのか，その仕組みについて CPU アーキテクチャの機能と構成の概要を学ぶ。詳細については第 2 章以降で学ぶ。

A. 機械語命令

機械語（machine language）を使用して 6 と 5 の加算を実行する例を図 1.6 に示す。機械語は，数字だけで表現した形式の命令で動作をオペレーションコードで指定できる。

図では，X は 16 進数を表し，X'70'が加算命令，X'50' が メモリからレジスタにデータ転送を行う load 命令，X'60'がレジスタのデータをメモリに格納する store 命令を表す。X'70'は 2 進数では，01110000 のことである。

その他，X'85'が乗算命令，X'55'が除算命令を表す。

例） X'70'：加算　　X'75'：減算　　X'85'：乗算　　X'55'：除算
　　　X'50'：load（データの読出し）　　X'60'：store（データの書込み）

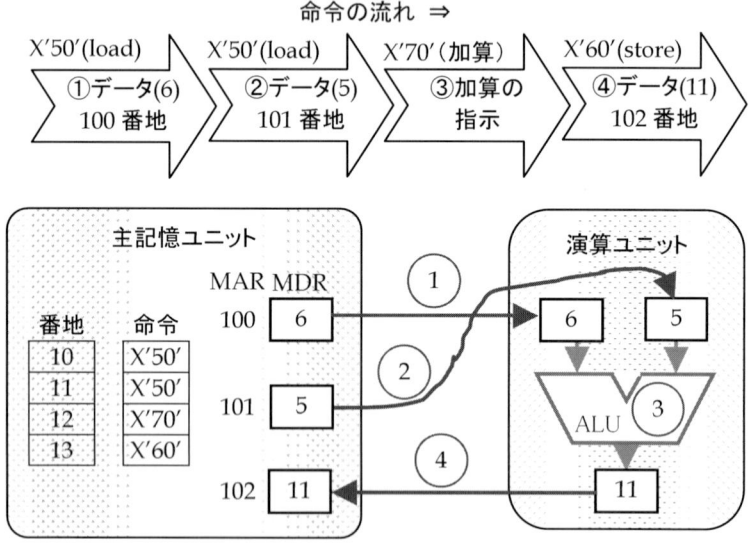

図 1.6　6+5 演算命令の実行例

B.　命令の実行順序

命令の実行は一般的にプログラム実行制御ユニットで次の順番で制御され，行われる。

(1) 命令の取出し（IF：instruction fetch）
(2) 命令デコード（D：instruction decode）

(3) オペランド取出し (OF : operand fetch)
(4) 命令実行 (EX : instruction execution)
(5) 結果の格納 (ST : result store)
(6) 割込みの検出処理 (IT : interrupt processing)

C. 6+5 の演算実行

6+5 の演算は次の順序で行われる。

(1) 10 番地の命令が読み出され，命令実行ユニットで命令のデコードが始まる。オペランドのアドレス 100 番地を計算して，オペランド 6 の取出しを行い，ALU の入力レジスタに設定する。

(2) 同様にして，オペランド 5 を ALU の入力レジスタに設定する。

(3) 6 と 5 のデータを加える ALU 演算を実行する。

(4) メモリの 13 番地の store 命令を実行して結果をメモリの 102 番地に格納して，プログラムを終了する。

コンピュータの中では，このようにして，命令が連続して実行される。

まとめ

● プログラム内蔵方式の基本的コンピュータアーキテクチャをノイマン型アーキテクチャと呼ぶ。

● コンピュータ発展の歴史は，計算の道具として始まり，計算の機械化，計算の自動化を経て，計算機能の高速化から大量のデータ処理，マルチメディア処理機能へと発展してきている。

● コンピュータは，入力，出力，記憶，演算，制御の五大機能を持ち，各機能は基本的な装置（unit）で構成される。

演習問題

【1-1】 コンピュータの五大機能の名称と基本的な装置名を挙げ，その働きを述べよ。

【1-2】 コンピュータの五大機能を人間の器官にたとえよ。

【1-3】 命令セットアーキテクチャとは，どの機能レベル間を定義したものかを考察せよ。

【1-4】 コンピュータシステムと情報処理システムの違いを述べよ。

【1-5】 ノイマン型アーキテクチャの特徴を表す代表的な用語を挙げよ。

第 2 章
情報の表現と単位

＊本章の内容＊

- 2.1 情報の単位
  - 2.1.1 情報表現の単位
  - 2.1.2 容量と速度の単位
- 2.2 数値の表現
  - 2.2.1 r 進法
  - 2.2.2 r 進数の世界
  - 2.2.3 基数変換
  - 2.2.4 補数
  - 2.2.5 数値データの表現方式
- 2.3 文字の表現
  - 2.3.1 さまざまなコード体系
- 2.4 誤り検出と訂正
  - 2.4.1 誤り検出符号
  - 2.4.2 誤り訂正符号
- 2.5 論理演算
  - 2.5.1 ブール代数
  - 2.5.2 論理演算の基本
  - まとめ
  - 演習問題

　この章では，コンピュータで取り扱うデータの単位と数値／文字の表現形式，論理演算について述べる。コンピュータ動作の基本は 0 と 1 による 2 進数である。人間が通常使う 10 進数やインターネット情報などのデータ処理もすべて 2 進数が基本となる。10 進数と 2 進数，8 進数，16 進数との関係を理解する。

2.1 情報の単位

2.1.1 情報表現の単位

コンピュータは 0 と 1 のディジタルデータを扱う。この最小の単位をビットと呼ぶ。n ビットでは，2^n 種類の情報を表現できる。

> ビット(bit)：2 種類の情報を表す最小の単位
> bit：binary digit(2 進数字)の略

> n ビットで 2^n 種類の情報を表す
> 例) 3 ビットの場合 → $2^3 = 2 \times 2 \times 2 = 8$ 種類の情報を表す
> ①000 ②001 ③010 ④011 ⑤100 ⑥101 ⑦110 ⑧111

コンピュータでは，情報のひとまとめの単位として，バイト，ワードなどがある。キャラクタは現在，ほとんど使用されていない。2 バイト以上集めて，ワード，ダブルワードの長さのデータとして扱う。

> 情報のひとまとめの単位
> *キャラクタ(character)：キャラクタマシンと呼ぶ
>   取扱い単位 6 ビット
> *バイト(byte)：バイトマシンと呼ぶ
>   取扱い単位 8 ビット
> $2^8 = 256$ 種類の記号を扱う
> *ワード(word)：2 バイト以上

A. 固定長データと可変長データ

コンピュータ内部で処理するデータには長さが一定の固定長データと長さが可変な可変長データがある。

B. MSB と LSB

データの最上位ビット（桁）を MSB（most significant bit），最下位ビット（桁）を LSB（least significant bit）という。数字に対しては，最上位桁を MSD（most significant digit），最下位桁を LSD（least significant digit）と表現することもある。

	MSB MSD									LSB LSD
ビット	0	1	1	0	〜	1	1	1	1	1

2.1.2 容量と速度の単位

A. 補助単位（supplementary unit）

記憶容量や速度は，10^3 倍（千倍）単位や 10^{-3} 倍（千分の1）単位の塊で取り扱うが，これに記号をつけて補助単位として使用する（表 2.1）。

表 2.1 補助単位

記号	倍数	名称	記号	倍数	名称
k	10^3	キロ	m	10^{-3}	ミリ
M	10^6	メガ	μ	10^{-6}	マイクロ
G	10^9	ギガ	n	10^{-9}	ナノ
T	10^{12}	テラ	p	10^{-12}	ピコ
P	10^{15}	ペタ	f	10^{-15}	フェムト
E	10^{18}	エクサ	a	10^{-18}	アト
Z	10^{21}	ゼタ	z	10^{-21}	ゼプト
Y	10^{24}	ヨタ	y	10^{-24}	ヨクト

B. 記憶容量

記憶容量の最小単位はバイトで 8 ビットのデータで構成される（表 2.2）。

表 2.2 記憶容量の単位

単位	意味		
B　（バイト）	10^0（1 バイト）		10^{-3} KB
KB（キロバイト）	10^3（千バイト）	10^3 B	10^{-3} MB
MB（メガバイト）	10^6（百万バイト）	10^3 KB	10^{-3} GB
GB（ギガバイト）	10^9（10 億バイト）	10^3 MB	10^{-3} TB
TB（テラバイト）	10^{12}（1 兆バイト）	10^3 GB	

例題 2−1

パソコンのメモリを 50 MB から 1 GB に増量した。メモリ容量の増加倍率を求めよ。

解答

比較する単位を合わせる。

$$\frac{1 \text{ GB}}{50 \text{ MB}} = \frac{1000 \text{ MB}}{50 \text{ MB}} = 20 \text{ 倍}$$

C. 速度

コンピュータのクロックサイクルやデータ転送速度など時間の単位は 1 秒間を基準に 10^n, 10^{-n} で表現する（表 2.3）。

表 2.3　速度の単位

速度	単位	意味		
遅い	s （秒）	10^0 （1 秒）		10^3 ms
↑	ms （ミリ秒）	10^{-3} （千分の 1 秒）	10^{-3} s	10^3 μs
|	μs （マイクロ秒）	10^{-6} （百万分の 1 秒）	10^{-3} ms	10^3 ns
↓	ns （ナノ秒）	10^{-9} （10 億分の 1 秒）	10^{-3} μs	10^3 ps
速い	ps （ピコ秒）	10^{-12} （1 兆分の 1 秒）	10^{-3} ns	

例題 2−2

10 ns は 1 μs の何倍速いか求めよ。

解答

比較する単位を合わせる。

$$\frac{1 \text{ μs}}{10 \text{ ns}} = \frac{1000 \text{ ns}}{10 \text{ ns}} = 100 \text{ 倍}$$

D. クロックサイクル数（CPI : cycles per instruction）

1 命令の実行に必要なクロック数をクロックサイクル数（CPI）という。1 命令の実行時間は次の式で表される。

$$1 \text{ 命令の実行時間} = \frac{\text{CPI}}{\text{クロック周波数}}$$

2.2 数値の表現

2.2.1 r進法

数体系の基本となる数の表現方式として基数（r：radix）を用いる。基数 r は r 進数を表し，r を基数とする数の表記法を r 進法（notation）と呼ぶ。r 進数では，0から（$r-1$）の r 種類の数（記号）を用いて数を表現する。1桁目の数字（digit）を記号 a_0，2桁目の数字を記号 a_1，n 桁目の数字を記号 a_n とすると，基数を用いた数の表現方式は次のようになる。

r 進数	$a_{n-1} \times r^{n-1} + a_{n-2} \times r^{n-2} + \cdots\cdots + a_2 \times r^2 + a_1 \times r^1 + a_0 \times r^0$

r の 0 乗は1である	$r^0 = 1$

各桁に付く基数の整数乗 r^{n-1}, r^{n-2}, $\cdots$, r^1, r^0 を**重み**（weight）という。コンピュータでは，2進数（$r=2$），8進数（$r=8$），10進数（$r=10$），16進数（$r=16$）を使う。われわれの日常生活では10進法を使うが，コンピュータでは，CPUやメモリを構成する回路素子が電流や電圧の有無を2値（0，1）だけで表現しているため，2進法が最も適している。

2.2.2 r進数の世界
A. 10進数の世界

10進法（decimal notation）で表された数が10進数（decimal number）である。10個の記号 0, 1, 2, 3, 4, 5, 6, 7, 8, 9 を使って数を表現する。

	10進数の世界　　　10の位で桁上げ
10個の記号	0, 1, 2, 3, 4, 5, 6, 7, 8, 9
n 桁の数の表現	$a_{n-1} \times 10^{n-1} + a_{n-2} \times 10^{n-2} + \cdots + a_2 \times 10^2 + a_1 \times 10^1 + a_0 \times 10^0$
例）	7
	＋　　6
桁上げ	1　　3

B. 2進数の世界

2進法（binary notation）で表された数が2進数（binary number）である。2個の記号 0, 1 を使って数を表現する。

```
         2進数の世界    2の位で桁上げ
2個の記号      0, 1
n桁の数の表現  a_{n-1}×2^{n-1}+a_{n-2}×2^{n-2}+…+a_2×2^2+a_1×2^1+a_0×2^0
      0          0          1              1
    + 0        + 1        + 0            + 1
    ───        ───        ───            ───
      0          1     桁上げ 1           0
```

C. 8進数の世界

8進法（octal notation）で表された数が8進数（octal number）である。8個の記号 0, 1, 2, 3, 4, 5, 6, 7 を使って数を表現する。

```
         8進数の世界      8の位で桁上げ
8個の記号      0, 1, 2, 3, 4, 5, 6, 7
n桁の数の表現  a_{n-1}×8^{n-1}+a_{n-2}×8^{n-2}+…+a_2×8^2+a_1×8^1+a_0×8^0
2進数を下位から3桁ごとに区切って表現する
                                3
                              + 7
                              ───
                        桁上げ 1  2
```

D. 16進数の世界

16個の記号 0, 1, 2, 3, 4, 5, 6, 7, 8, 9, A, B, C, D, E, F を使って数を表現する方法を 16 進法（hexadecimal notation）という。ヘキサの意味から 16 進数（hexadecimal number）データ h を $X'h'$ や $0xh$ と表現する。

> **16進数の世界**　　16の位で桁上げ
> 16個の記号　　0, 1, 2, 3, 4, 5, 6, 7, 8, 9, A, B, C, D, E, F
> n桁の数の表現　　$a_{n-1} \times 16^{n-1} + a_{n-2} \times 16^{n-2} + \cdots + a_2 \times 16^2 + a_1 \times 16^1 + a_0 \times 16^0$
> 2進数を下位から4桁ごとに区切って表現する
>
> ```
>           8
>         + 9
>   桁上げ 1 1
> ```

E. 10進数と2進数, 8進数, 16進数の関係

10進数の31までの2進数, 8進数, 16進数との関係を表2.4に示す。

表2.4　10進数, 2進数, 8進数, 16進数の関係

10進数	2進数	8進数	16進数	10進数	2進数	8進数	16進数
0	0000	0	0	16	10000	20	10
1	0001	1	1	17	10001	21	11
2	0010	2	2	18	10010	22	12
3	0011	3	3	19	10011	23	13
4	0100	4	4	20	10100	24	14
5	0101	5	5	21	10101	25	15
6	0110	6	6	22	10110	26	16
7	0111	7	7	23	10111	27	17
8	1000	10	8	24	11000	30	18
9	1001	11	9	25	11001	31	19
10	1010	12	A	26	11010	32	1A
11	1011	13	B	27	11011	33	1B
12	1100	14	C	28	11100	34	1C
13	1101	15	D	29	11101	35	1D
14	1110	16	E	30	11110	36	1E
15	1111	17	F	31	11111	37	1F

なお, 2進数, 10進数などr進法の数値を区別して表す方法として, 数値の羅列の右下に括弧付きの基数を添えて表すことにする。

例)

　　$356_{(10}$　$256_{(8}$　$ABC_{(16}$　または　$10000_{(2)}$　$10000_{(10)}$　$1057_{(16)}$

2.2.3 基数変換

基数の異なる数値間の変換を基数変換（radix transmission）という。コンピュータは2進数の世界で動作しているが，我々の日常生活は10進数の世界である。コンピュータで情報処理する場合は，コンピュータ内部で10進数を2進数に変換する。

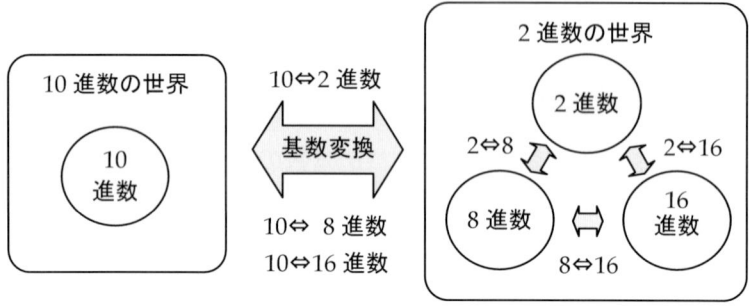

図 2.1　基数変換方法

基数変換には，いくつかの方法があるが，まず2進数に変換した後，目的の進数に変換する方法が考えやすい。例えば，10進数を8進数に変換する場合，一度2進数に変換した後に，8進数に変換する（図2.1）。

A.　10進数への変換

2進数，8進数，16進数を直接10進数に変換する一般的な方法は，各桁の数値に各進数に対応する重みを掛けて加算する。

2進数, 8進数, 16進数から10進数への変換方法
各桁の数値に各進数に対応した重みを加算する

2 ⇒10進数	$a_{n-1}\times 2^{n-1}+a_{n-2}\times 2^{n-2}+\cdots+a_2\times 2^2+a_1\times 2^1+a_0\times 2^0$
8 ⇒10進数	$a_{n-1}\times 8^{n-1}+a_{n-2}\times 8^{n-2}+\cdots+a_2\times 8^2+a_1\times 8^1+a_0\times 8^0$
16 ⇒10進数	$a_{n-1}\times 16^{n-1}+a_{n-2}\times 16^{n-2}+\cdots+a_2\times 16^2+a_1\times 16^1+a_0\times 16^0$

（1） 2進数 ⇒ 10進数変換

2進数では左へ1桁移動するごとに重みが2倍になる。

重み付け	2^{10}	2^9	2^8	2^7	2^6	2^5	2^4	2^3	2^2	2^1	2^0
数値	1024	512	256	128	64	32	16	8	4	2	1

2進数 → 10進数変換方法

＊ 2進数の各桁に重み(2^{n-1}, 2^{n-2}, …, 2^2, 2^1, 2^0)を掛けて，加える ＊

例） $1000000_{(2)} = 1 \times 2^6 + 0 \times 2^5 + 0 \times 2^4 + 0 \times 2^3 + 0 \times 2^2 + 0 \times 2^1 + 0 \times 2^0$
$= 64 + 0 + 0 + 0 + 0 + 0 + 0$
$= 64$

$1000000_{(2)}$ の10進数は64

（2） 8進数 ⇒ 10進数変換

8進数では左へ1桁移動するごとに重みが8倍になる。

8進数 → 10進数変換方法

＊ 8進数の各桁に重み(8^{n-1}, 8^{n-2}, …, 8^2, 8^1, 8^0)を掛けて，加える ＊

例） $113_{(8)} = 1 \times 8^2 + 1 \times 8^1 + 3 \times 8^0$
$= 64 + 8 + 3$
$= 75$

$113_{(8)}$ の10進数は75

（3） 16進数 ⇒ 10進数変換

16進数では左へ1桁移動するごとに重みが16倍になる。

16進数 → 10進数変換方法

＊ 16進数の各桁に重み(16^{n-1}, …, 16^1, 16^0)を掛けて，加える ＊

例） $4B_{(16)} = 4 \times 16^1 + B \times 16^0$
$= 64 + 11$
$= 75$

$4B_{(16)}$ の10進数は75

B. 10進数から2進数，8進数，16進数への直接変換

10進数を直接2進数，8進数，16進数に変換する一般的な方法は，10進数を変換する基数で割り続け，余りを逆順に並べることにより求める。

> **10進数からの直接変換方法**
> 10進数を基数で割り続け余りを逆に並べる

(1) 10進数 ⇒ 2進数変換

10進数を基数2で割る。途中経過を省略して商を連続して割っていきその右側にその時の余りを書いていく。最後に余りを逆順に並べれば2進数が求まる。

```
例1）  256           例2）  35          例3）  175
2 | 256   余り       2 | 35   余り       2 | 175  余り
2 | 128 ……0↑         2 | 17  ……1↑       2 | 87  ……1↑
2 |  64 ……0 |        2 |  8  ……1 |      2 | 43  ……1 |
2 |  32 ……0 |        2 |  4  ……0 |      2 | 21  ……1 |
2 |  16 ……0 |        2 |  2  ……0 |      2 | 10  ……1 |
2 |   8 ……0 |        2 |  1  ……0 |      2 |  5  ……0 |
2 |   4 ……0 |            0  ……1 |      2 |  2  ……1 |
2 |   2 ……0 |        答え）100011        2 |  1  ……0 |
2 |   1 ……0 |                                0  ……1 |
      0 ……1 |                           答え）10101111
答え）100000000
```

(2) 10進数 ⇒ 8進数変換

10進数から直接8進数に変換する方法は，10進数を基数8で割り，最後に余りを逆順に並べる。

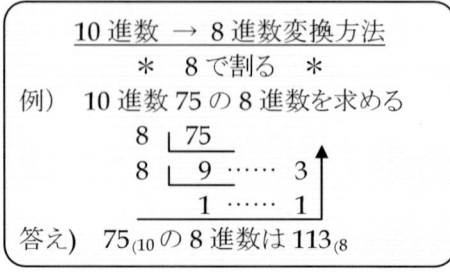

10進数 → 8進数変換方法
* 8で割る *
例）10進数75の8進数を求める
8 ⌊75
8 ⌊ 9 …… 3
    1 …… 1
答え）75₍₁₀₎の8進数は113₍₈₎

(3) 10進数 ⇒ 16進数変換

10進数から直接16進数に変換する方法は，10進数を基数16で割り，最後に余りを逆順に並べる。余りが10〜15の場合はA〜Fに置き換える。

```
         10進数 → 16進数変換方法
             *  16で割る  *
  例）  10進数75の16進数を求める
            16 ) 75
                 ─────
                  4 …… 11 →B₍₁₆₎
        答え）75₍₁₀₎の16進数は4B₍₁₆₎
```

C. 2進数と8進数，16進数との相互変換

10進数と8進数，16進数間の変換や2進数と8進数，16進数間の変換は，2進数を介して行う。10進数を2進数に変換した後，2進数と8進数，2進数と16進数との相互変換を行い，8進数と16進数を求める。

（1）2進数 ⇔ 8進数変換

① 2進数 ⇒ 8進数変換

2進数を8進数に変換するには，2進数を下位から3ビットごとに区切って，区切った3ビットごとに8進数に変換する。

```
            2進数 → 8進数変換方法
  *2進数を下位から3ビットごとに区切って8進数で表現する*
  例）  2進数 11110110 を8進数に変換する
           11   110  110     下位から3ビットごとに区切る
           ↓    ↓    ↓
           3    6    6       3ビットごとに8進数に変換
        答え）2進数 11110110₍₂₎の8進数は366₍₈₎
```

例） 2進数 011101111110100₍₂₎の8進数は 35764₍₈₎ となる。

	2進数	011	101	111	110	100
	8進数	3	5	7	6	4

② **8進数 ⇒ 2進数変換**

8進数を1桁ごとに2進数の3ビットに変換する。

```
        8進数 → 2進数変換方法
    ＊8進数を1桁ごとに2進数の3ビットで表現する＊
  例）  8進数 75₍₈₎の2進数を求める
          7    5
          ↓    ↓     1桁ごとに2進数の3ビットに変換
         111  101
  答え）8進数 75₍₈₎の2進数は 111101₍₂₎
```

(2) **2進数 ⇔ 16進数変換**

① **2進数 ⇒ 16進数変換**

2進数を16進数に変換するには，2進数を下位から4ビットごとに区切って，区切った4ビットごとに16進数に変換する。

```
        2進数 → 16進数変換方法
   ＊ 2進数を下位から4ビットごとに区切って16進数で表現する ＊
  例）  2進数 11110110₍₂₎の16進数を求める
         1111   0110     下位から4ビットごとに区切る
          ↓     ↓
          F     6        4ビットごとに16進数に変換
  答え）2進数 11110110₍₂₎の16進数は F6₍₁₆₎
```

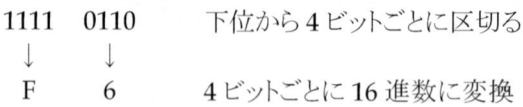

② **16進数 ⇒ 2進数変換**

16進数を1桁ごとに2進数の4ビットに変換する。

```
       16進数 → 2進数変換方法
   ＊ 16進数を1桁ごとに2進数の4ビットで表現する ＊
  例）  16進数 A5₍₁₆₎の2進数を求める
          A     5
          ↓     ↓     1桁ごとに2進数の4ビットに変換
         1010  0101
  答え）16進数 A5₍₁₆₎の2進数は 10100101₍₂₎
```

2.2.4 補数

A. 1の補数（基数 $r-1$ の補数）

10進数では，$(r=)$ 10−1＝9 の補数（complement）のことである。

　　9の補数は10進各桁を9から引いて求める。

　　　　例）57の9の補数＝（9−5）（9−7）＝42

2進数では，$(r=)$ 2−1＝1 の補数のことである。

> 1の補数の求め方　　各ビットの1, 0を反転させる
> 　　例）　　110111の1の補数は，001000となる

B. 2の補数（基数 r の補数）

10進数では，$(r=)$ 10の補数のことである。

　　10の補数は9の補数＋1で求める。

　　　　例）57の10の補数＝（9−5）（9−7）＋1＝42＋1＝43

2進数では，$(r=)$ 2の補数のこと

> 2の補数の求め方　　1の補数＋1
> →各ビットの1, 0を反転させ，1を加える
> 　　例）　　110111の2の補数は，001001となる

> 補数で負の数を表す　　　引き算は，2の補数を加える

C. 正の数，負の数

符号付き2進数の表現では，最上位ビットは，符号ビットを表し，正の数では，符号ビットを0として残りの数値を2進数で表す。符号ビットが1の場合は，負の数を表し，その2の補数が数値の絶対値を表す。

> 符号ビットが0：正の数
> 　2進数　　10進数
> 　0111　　　7

> 符号ビットが1：負の数
> 　2進数　　　　　　　10進数
> 　1101 → 2の補数 0011　　−3

2.2.5 数値データの表現方式

四則演算（加算，減算，乗算，除算）に使用する符号付きデータを数値データという。コンピュータ内部の数値データは**10進形式**（2進化10進数）か**2進形式**（純2進数）で表現される（図2.2）。

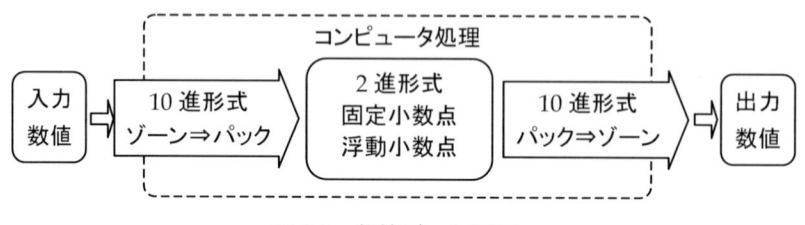

図 2.2　数値データの流れ

2進形式は2進数そのもので表現する方法である。固定小数点形式と浮動小数点形式がありビット数が少なくて済む。

10進形式は，10進1桁を4ビットの2進数で表したもので**BCD**（binary coded decimal）コード（表2.5）と呼ばれ，**ゾーン形式**と**パック形式**で表現される。一般的にコンピュータへの入出力数値データは，10進数で表現され，コンピュータ内部の演算処理は，2進数で表現される。

表 2.5　BCDコード

10進数	0	1	2	3	4	5	6	7	8	9
BCD	0000	0001	0010	0011	0100	0101	0110	0111	1000	1001

10進形式と2進形式の例を図2.3に示す。10進数3578は2進形式では110111111010，10進形式（BCD）では，0011010101111000と表現する。

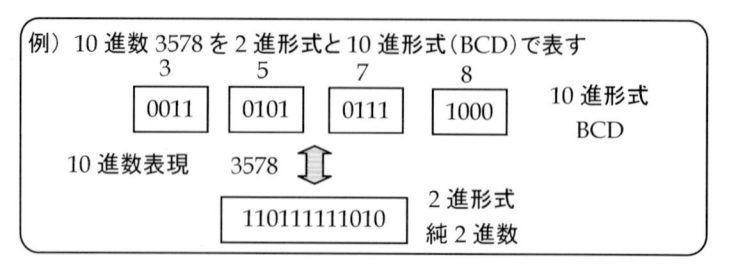

図 2.3　2進形式と10進形式例

A. 2進形式

(1) 固定小数点 (fixed point number) 表示

小数点の位置を固定して表現する。数値の最上位ビット (MSB) の左のビットは符号を表し，0 は正の数，1 は負の数を表す。整数 (integer) 型の場合は最下位ビット (LSB) の右，小数 (fraction) 型の場合は最上位ビットの左に位置する (図2.4)。

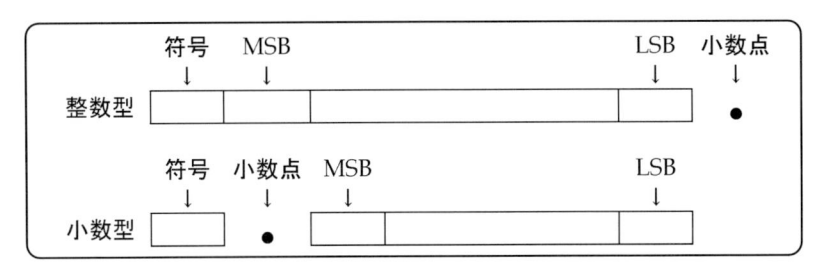

図 2.4 固定小数点の整数型と小数型表現

例) 小数型 2 進数 0.101 の 10 進数を求める。
   2 進小数 $0.101_{(2}=1\times 2^{-1}+0\times 2^{-2}+1\times 2^{-3}=0.625$ (10 進数)

① 表現できる最大値と最小値

n ビットの 2 進数 (整数型固定小数点) で表現できる最大の数 (正の数) は，$2^{n-1}-1$ で，最小の数 (負の数) は，-2^{n-1} となる。

例) 4 ビットの 2 進数で表現できる最大の数は，$2^{4-1}-1=7$ (0111)，最小の数は，$-2^{4-1}=-8$ (1000) となる。

② オーバフロー

固定小数点の演算では，演算結果が最上位ビットからあふれることがあり，この桁上げを**オーバフロー**という。2 の補数での演算を例にとると最上位ビットは符号ビットなので，演算結果の符号が演算前の符号と異なる場合に発生する。

---

2 の補数でオーバフローが発生する条件
符号ビットへの桁上がりと符号ビットからの桁上がりが異なる場合
　① 正＋正の演算で結果が負の符号となる
　② 負＋負の加算で結果が正の符号となる

（2） 浮動小数点 (floating point number) 表示

数字 N を一般表記する。

$$N = m \times r^e = (e, m)$$

m を仮数 (mantissa)，e を指数 (exponent)，r を底と呼ぶ。10 進数の場合は，$N = m \times 10^e$，2 進数の場合は $N = m \times 2^e$，16 進数の場合は $N = m \times 16^e$ となる。浮動小数点の形式は，コンピュータにより異なる。多くのパソコンでは，IEEE（米国電気電子学会）が提唱する図 2.5 の浮動小数点表示が採られる。符号ビットは，仮数部の符号（0：正，1：負）を表すが，仮数値が負の場合は，補数ではなく絶対値で表現される。

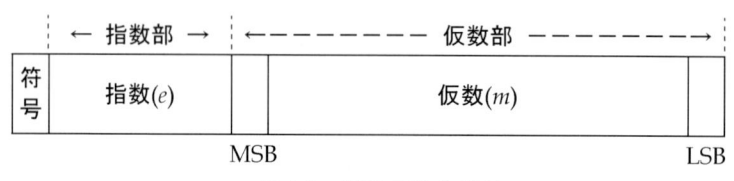

図 2.5 浮動小数点表示

例えば，$1234_{(10}$ は 0.1234×10^4 と表すこともできる。このように有効数字が小数点の位置の右にくるようにすることを，正規化する (normalize) という。0.1234 は最小の浮動小数点数を表し，このとき，MSB には 0 でない値があることを意味する。正規化された浮動小数点数（最小の指数を持つ浮動小数点数）とは，仮数の MSB がゼロでない値を持つことである。

IEEE の浮動小数点では，1 の位に最初の 1 が立つように（1.XXXX…）桁合せを行い，（正規化されている）その値の小数以下だけを表現する。

4 バイト長 (32 ビット) の浮動小数点を単精度 (single)，8 バイト長 (64 ビット) を倍精度 (double)，それ以上を拡張倍精度 (double extended) という。

乗算の結果，指数が表現範囲を超えると**オーバフロー**が，表現範囲以下だと仮数部で**アンダフロー**が生じる。アンダフローは，0 表現するコンピュータが多い。また，加算により小さいほうの仮数部の下位桁情報が失われる**情報落ち**や，減算により有効数字が少なくなる**桁落ち**などが発生するので注意が必要である。

B. ゾーン形式とパック形式

ゾーン形式は 10 進数 1 桁の数字を 1 バイトの 2 進数で表す。各バイトは上位 4 ビットのゾーン部と，BCD 表記の数値部からなる。ゾーン部は，EBCDIC 系は 1111，JIS 系は 0011 で表す。符号は，最下位バイトの上位 4 ビットで表し，正の数は通常は 1100，負の数は 1101 で表す。

パック形式は 10 進数 1 桁の数字を 4 ビットの 2 進数で表す。最後の桁は符号を表す。ゾーン形式をパック形式に変換することを**パック**（pack）するといい，逆にゾーン形式をパック形式に変換することを**アンパック**（unpack）するという。

10 進数の正の数 35 をパックする例を図 2.6 に示す。

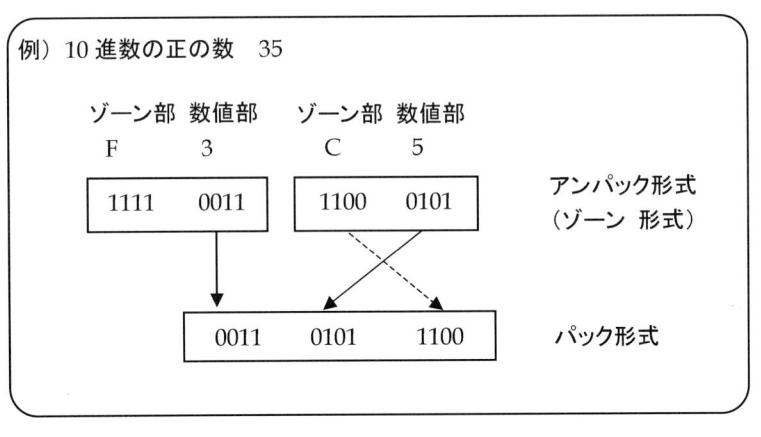

```
例）10進数の正の数　35

  ゾーン部 数値部   ゾーン部 数値部
    F      3         C      5
  ┌────────────┐   ┌────────────┐
  │ 1111  0011 │   │ 1100  0101 │    アンパック形式
  └────────────┘   └────────────┘    （ゾーン 形式）
          │          ╲    ╱
          │           ╲  ╱
          ▼            ╳
       ┌──────────────────────┐
       │ 0011  0101   1100    │     パック形式
       └──────────────────────┘
```

図 2.6　パックの例

C. 数値データの表現方式のまとめ

数値データの表現方式をまとめて図 2.7 に示す。

① 固定小数点データの最上位ビット（MSB）の上は 1 ビット長の符号ビットで，正（0），負（1）を表す。

② 浮動小数点データは指数部と仮数部に分かれ，仮数部は 1 ビットの符号を持つ。仮数部の最上位ビットが仮数部の小数点の位置を表す。

③ パック形式の 10 進数では，10 進数の各桁を 4 ビットの数字で表す。データの最下位桁は符号を表す。

④ ゾーン（アンパック）形式の 10 進数では，10 進数の各桁を 4 ビットのゾーンをつけて表す。

符号	数値

（a） 固定小数点データの表現

符号	指数部	仮数部

↑仮数部の小数点の位置

（b） 浮動小数点データの表現

数字	数字	数字	数字	～	数字	符号

（c） パック形式の 10 進数表現

ゾーン	数字	ゾーン	数字	～	符号	数字

（d） ゾーン形式の 10 進数表現

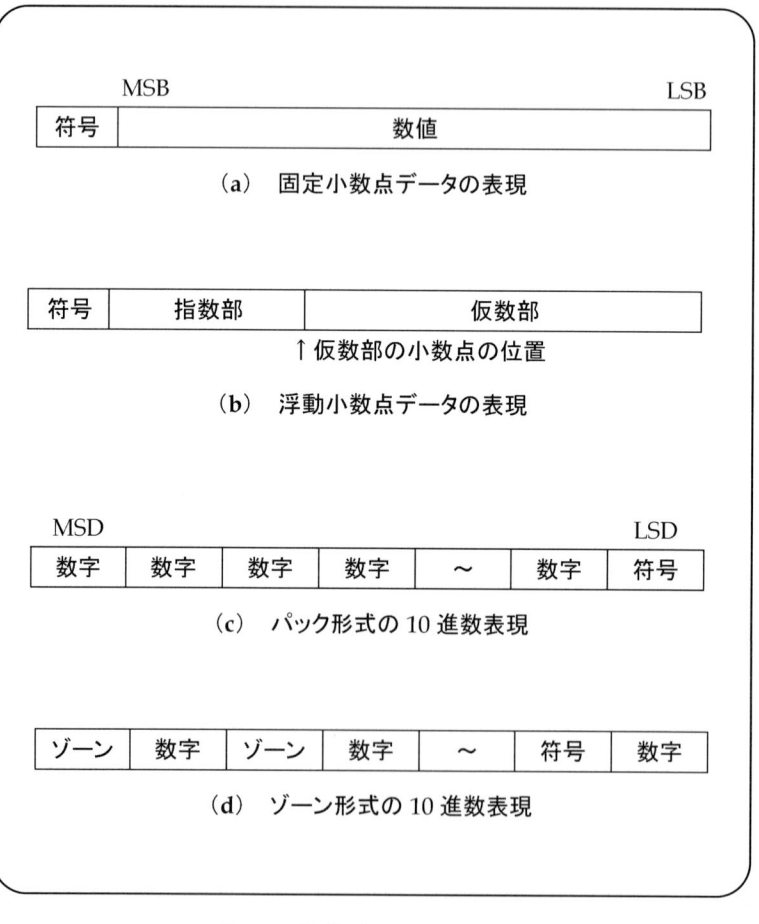

図 2.7 数値データの表現方式

2.3 文字の表現

　符号なしの数字，英数字，かな漢字などのデータを文字データという。文字データを一定の規則で表現するビットの集まりを**コード**（番号：code）といい，データをコードに変換することを**コード化**（encode）と呼ぶ。その逆にコード化されたデータを元のデータに復元することを**復合化**（decode）と呼ぶ。文字データをコンピュータで処理できる2進符号で表現する規約をコード体系（coding scheme）という。日本のコード体系はJISコードに準拠している。JIS以外にもさまざまなコード体系が存在する。

　1文字を8ビットで表現するコードを1バイトコード，日本語など1文字を16ビットで表現するコードを2バイトコードと呼ぶ。

2.3.1　さまざまなコード体系

A．BCD（2進化10進）コード

　4ビットで一つの10進数を表現するBCDを基本にビットを拡張して6ビットで英数文字や特殊文字などを表現したものをBCDコードとも呼ぶ。BCDコードの拡張版にEBCDICコードがある。

B．EBCDIC（extended binary coded decimal）コード

　拡張2進化コードと呼ばれ，IBMで開発され広く使用されるようになった。1文字を8ビットで表現する。おもに汎用コンピュータで使用される。英数字，カナ，特殊文字など256種類の文字が表現できる。

C．ISO（international organization for standardization）コード

　国際標準化機構（ISO）が国際標準コードとして定めたもので7単位（ビット）コードと8単位（ビット）コードがある。各国はこのコードをもとに，その国独自のコードを定めている。日本のJISコードもISOに準拠している。

D. ASCII（American standard code for information interchange）コード

ISO コード準拠の ANSI（American National Standards Institute：米国規格協会）が制定したアメリカの国内標準情報交換用コードで，ISO コードの 7 ビットに誤り検出に用いられるパリティビット（parity bit：奇偶検査ビット）を 1 ビット付加した合計 8 ビットで 1 文字を表す．主としてパソコンや C 言語で使用される．

E. JIS（Japan industrial standards）コード

ISO コードに片かなを考慮して日本で制定したコードである．1 バイト系（JIS X 0201）は 7 ビットの 7 単位コードと片かなも組み込んだ 8 ビットの 8 単位コードがある．また，漢字は JIS 第 1 水準，第 2 水準，第 3 水準合わせて 1 バイト（8 ビット）で表現しきれないため 2 バイト（16 ビット）で漢字 1 文字を表す JIS 漢字コード（JIS X 0208）がある．

おもなコードを表 2.6 にまとめる．

表 2.6 おもなコード表

コード名	ビット数	規定	備考
EDCDIC	7+1P	IBM	BCD の拡張
ASCII	8	米国内規格	ISO646 準拠
JIS X0201	8	日本 JIS	ISO646 準拠
JIS X0208	16	日本 JIS 漢字コード	

P はパリティビットを表す

2.4 誤り検出と訂正

コンピュータでは1～2ビットの誤り（エラー：error）を検出する方法，1ビットエラーを訂正する方法が一般的に用いられる。

2.4.1 誤り検出符号

データのエラー状態を検出するために付加した冗長符号（redundancy code）を誤り検出符号（error detecting code）という。冗長符号はチェックビット（check bit）またはチェックコード（check code）と呼ばれ，1ビットのパリティビット（P：parity bit），数字1桁のチェックディジット（check digit），各桁の合計のチェックサム（check sum），1文字のチェックキャラクタ（check character）などがある。

A. パリティチェック（奇偶検査）

データに1ビットのパリティビットを付加する方法で，パリティビットを含めて1の数の合計が奇数になる奇数パリティ（odd parity）チェック，偶数になる偶数パリティ（even parity）チェックがある。奇数パリティではデータに占める1の数が奇数ならパリティビットは0になり，データに占める1の数が偶数ならパリティビットは1となる。偶数パリティではデータに占める1の数が奇数ならパリティビットは1になり，データに占める1の数が偶数ならパリティビットは0となる。

また，ビット列の水平方向にパリティビットをつける水平パリティチェックと垂直方向にパリティビットをつける垂直パリティチェックがある。

パリティチェックは，1ビット（奇数ビット）のエラーは検出できるが，2ビット以上（偶数ビット）のエラーは検出できない。

B. データブロックのパリティチェック

データの塊（ブロック）に対して水平方向と垂直方向にパリティをつけることにより1ビットのエラー検出とエラーの発生場所を特定できる。通常は水平・垂直1文字（7～8ビット）単位にパリティビットを付加する。

2.4.2 誤り訂正符号

データのエラーを自動的に訂正できるように付加した冗長符号を誤り訂正符号（ECC：error correcting code）という。主記憶やハードディスク，データ伝送などで採用される。

A. ハミングコードチェック

n ビットのデータに m 個のパリティビットを付加した合計 $n+m$ ビットのハミングコードにより，2^m-1 ビット中の 1 ビットエラーの位置を検出して訂正する。

B. CRC（周期冗長検査：cyclic redundancy check）

多項式で割った余りをデータ伝送の最後に付加する。受信側も伝送データを多項式で割り，余りが 0 となるかどうかでエラーの判定を行う。検出能力はハミングコードより優れる。

例題 2－3

(1) 次の 2 進数の奇数パリティビットを求めよ。
　① 01111010　② 10101010　③ 11100001

(2) 次の 2 進数の偶数パリティビットを求めよ。
　④ 01011010　⑤ 10111010　⑥ 11101001

(3) 次の 7 ビットのデータに奇数パリティをつけて答えを 16 進数で表せ。
　⑦ 1111010　⑧ 0101011　⑨ 1100001

解答

奇数パリティではデータの 1 の数が奇数ならパリティビットを 0 に，1 の数が偶数ならパリティビットを 1 とする。偶数パリティはこの逆で求める。

　① P=0　　　　② P=1　　　　　③ P=1
　④ P=0　　　　⑤ P=1　　　　　⑥ P=1
　⑦ P=0　7A$_{(16)}$　⑧ P=1　AB$_{(16)}$　⑨ P=0　61$_{(16)}$

2.5 論理演算

2.5.1 ブール代数（Boolean algebra）

コンピュータは論理回路（ゲート：gate）で構成されている。2進数の論理値1，0を扱うブール代数は1847年にGeorge Boole（英）の提案からはじまり，今日では，論理回路設計やプログラミングの基礎となっている。ブール代数を実行するのが，論理演算（logical operation）である。論理値（logical variable）1，0は論理学の真・偽や電流，電圧に対応付けられる。

論理値	論理学	電　流	電　圧	スイッチ
1	真（true）	有	高	オン
0	偽（false）	無	低	オフ

2.5.2 論理演算の基本

論理演算の基本はAND（論理積：logical product），OR（論理和：logical sum），NOT（論理否定：logical negation），XOR（排他的論理和：exclusive OR）である。その状態は論理式（論理関数：logical function），真理値表（truth value），回路記号（logical device），またはベン図（venn diagram）（図2.8）などで表される。

論理値1，0をとる変数を論理変数（logical variable）といい，論理演算を指定する演算子を論理演算子という。論理式は論理変数を論理演算子で結合して論理演算を表したものである。

論理演算子		
論理積	・または∧	$F = A \cdot B$
論理和	＋または∨	$F = A + B$
論理否定	ーを変数の上につける	$F = \bar{A}$
排他的論理和	⊕または∀	$F = A \oplus B$

論理演算を演算表形式で表したものが真理値表である。

A. ベン図

ベン図は論理演算を図形化したものである。論理関数に対応した一つの方形の平面を**全体集合**（union）U と考え，論理変数に対応した**部分集合**（subset）A を円形で，A に属さない**補集合**（complement）$\overline{A}$をその周りの空白で表す。論理演算の表現では，斜線塗りつぶしで論理値＝1 を，空白で論理値＝0 を表す（図 2.8）。

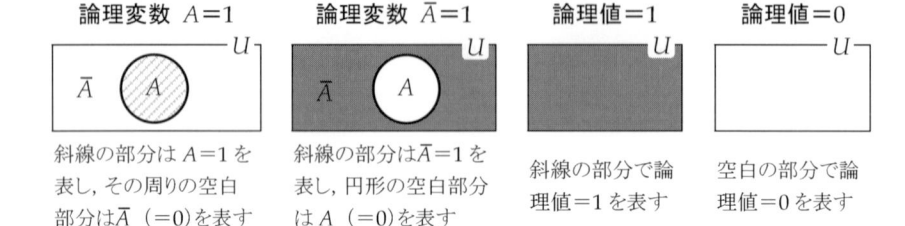

図 2.8　ベン図による論理変数の表現

B. 論理演算の基本公式

論理回路や論理演算の簡単化を図るため，よく使われる基本公式を表 2.7 に示す。論理演算の公式は冗長な論理回路の簡素化に利用される。

表 2.7　論理演算の基本公式（ブール代数の定理）

交換律	$A+B=B+A$	$A \cdot B = B \cdot A$
結合律	$A+(B+C)=(A+B)+C$	$A \cdot (B \cdot C) = (A \cdot B) \cdot C$
分配律	$A+(B \cdot C)=(A+B) \cdot (A+C)$	$A \cdot (B+C) = (A \cdot B)+(A \cdot C)$
べき等律	$A+A=A$	$A \cdot A = A$
吸収律	$A+A \cdot B = A$	$A \cdot (A+B) = A$
ドモルガンの定理	$\overline{A+B}=\overline{A} \cdot \overline{B}$	$\overline{A \cdot B} = \overline{A}+\overline{B}$

C. 正論理と負論理

1 の論理値を真とするのが正論理，0 の論理値を真とするのが負論理である。ドモルガンの定理は正論理と負論理との相互変換を表している。

D. おもな論理演算

　複雑な論理演算も基本論理演算の組合せで構成されている。コンピュータ設計でよく使用されるおもな論理演算を図2.9に示す。図2.9の論理式には負論理式も示してあるので参考にするとよい。

論理回路名	論理記号	論理式	真理値表	ベン図
論理積 AND	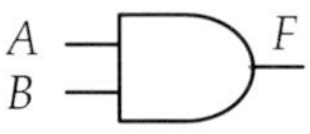 A,B → F	$F = A \cdot B$ または $F = A \wedge B$ $\overline{F} = \overline{A} + \overline{B}$	A B F 0 0 0 0 1 0 1 0 0 1 1 1	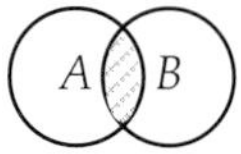 A∩B
論理和 OR	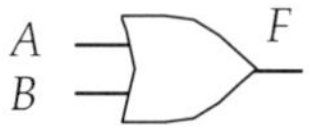 A,B → F	$F = A + B$ または $F = A \vee B$ $\overline{F} = \overline{A} \cdot \overline{B}$	A B F 0 0 0 0 1 1 1 0 1 1 1 1	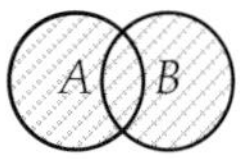 A∪B
排他的論理和 XOR	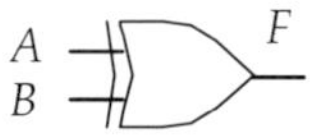 A,B → F	$F = A \oplus B$ $F = \overline{A} \cdot B + A \cdot \overline{B}$	A B F 0 0 0 0 1 1 1 0 1 1 1 0	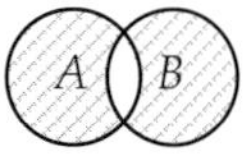 A⊕B
論理否定 NOT	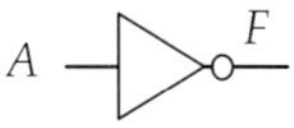 A → F	$F = \overline{A}$ $\overline{F} = A$	A F 0 1 1 0	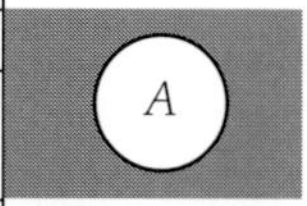 $\overline{A}$
論理積否定 NAND	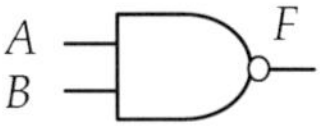 A,B → F	$F = \overline{A \cdot B}$ $F = \overline{A} + \overline{B}$ $\overline{F} = A \cdot B$	A B F 0 0 1 0 1 1 1 0 1 1 1 0	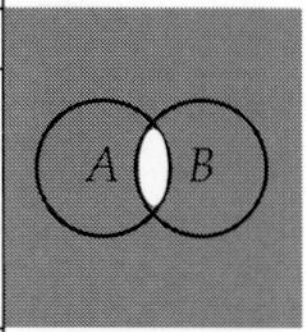 $\overline{A \cdot B}$
論理和否定 NOR	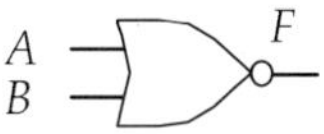 A,B → F	$F = \overline{A + B}$ $F = \overline{A} \cdot \overline{B}$ $\overline{F} = A + B$	A B F 0 0 1 0 1 0 1 0 0 1 1 0	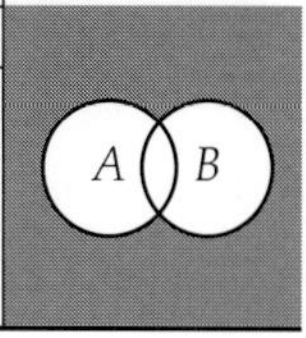 $\overline{A + B}$

図2.9　おもな論理演算

まとめ

● 情報の最小単位としてビットがある．8 ビットを 1 バイトといい，バイトが集まってワードとなる．コンピュータ処理には 2 進数が適している．

● 記憶容量や速度は，10^3 倍（千倍）単位や 10^{-3} 倍（千分の 1）単位の塊で取り扱う．

演習問題

【2-1】 次の 10 進数を 2 進数，8 進数，16 進数に変換せよ．
　　　　①25　　②71　　③63　　④95

【2-2】 10 進数の 73 を①BCD 表現，②純 2 進表現で表せ．

【2-3】 次の 2 進数，8 進数，16 進数を 10 進数で表せ．
　　　　①$11011_{(2}$　②$1000001_{(2}$　③$123_{(8}$　④$35_{(8}$　⑤$AB_{(16}$　⑥$D3B_{(16}$

【2-4】 次の空欄を埋めよ．

2 進数	8 進数	10 進数	16 進数
①	133	⑤	05B
11111010	③	−6	⑦
②	④	−51	CD
0101110	56	⑥	⑧

【2-5】 次の 2 進数データの偶数パリティビットを求めよ．
　　　　①01110010　　②01111111

【2-6】 次の論理関数をベン図で表せ．
　　　　① $\overline{A}$　　② $\overline{A \cdot B}$　　③ $\overline{A} + A$　　④ $\overline{A} \cdot A$

【2-7】 1 の補数を求めよ．　①1110　　②1110001

【2-8】 2 の補数を求めよ．　①1010　　②101011

【2-9】 次の演算を行え．①11001+110　　②1101−0101

【2-10】 記憶装置の量の単位で，2 KB はバイトに換算すると正確（2 の乗数）には何バイトになるか．

第3章
命令セットアーキテクチャ

本章の内容

3.1 命令の形式
 3.1.1 命令形式
3.2 アドレス指定方式
 3.2.1 アドレシングモード
3.3 命令の種類
 3.3.1 代表的な命令
まとめ
演習問題

　この章では，狭義のコンピュータアーキテクチャである命令セットアーキテクチャの基本である命令について学ぶ。汎用機，パソコン，RISC，CISC に至るまで，コンピュータは命令により動作する。命令は機械語として動作する。命令を理解すれば，CPU の基本動作，割込み動作，入出力動作などの理解につながる。コンピュータアーキテクトが最初に考える第一歩が命令である。
　なお，理解を深めるために情報処理技術者試験アセンブラ言語 CASL II の仮想コンピュータ COMET II システムの命令形式を参考にするとよい。

3.1 命令の形式

命令はコンピュータを直接制御する言語で，命令語，機械命令（machine instruction），機械語（machine language）とも呼ばれ，命令セットアーキテクチャそのものでもある。FORTRAN，COBOL，Cなどの高級言語で記述されたプログラムはコンパイルされ，機械語に変換され実行される。命令は1，0のバイナリデータ形式（2進数形式）でコンピュータ上では動く。

3.1.1 命令形式（instruction format）

命令が処理する対象となるデータは**オペランド**（operand）と呼ばれ，主記憶やCPU内部のレジスタに格納されている。命令は命令コード（OP：operation code）部とオペランド部に分かれる。命令コード部は，算術論理演算機能，メモリアクセスなど，動作の内容を表す。

オペランド部は，主記憶のオペランドアドレスを指定するアドレス部とCPU内部のレジスタを指定するアドレス修飾（address modification）部に分ける場合がある。CPU内部のレジスタは，演算結果を入れる汎用レジスタ（GR：general register），アドレス計算に使用される指標（インデックス）レジスタ（XR：index register）などがあり，アドレス修飾部はレジスタ部とも呼ばれ，GR部とXR部に分かれる。一般的には命令コードは8ビット，アドレス修飾部はGRとXRなど二つのレジスタを指定できるように4+4ビット，残りがアドレス部となる形式が多い。図3.1にCOMETⅡの例を示す。COMETⅡは，1語は16ビット構成で8個のGRを持ち，GR1〜GR7の7個のGRがXRを兼ねている。この例では，1命令を2語で構成している。

命令コード部	アドレス修飾部		アドレス部（オペランドアドレス）
OP(8)	GR(4)	XR(4)	adr(16)

動作の内容（算術論理演算，シフト，ジャンプなど） ／ オペランドの指定
GR部：汎用レジスタの指定 ／ XR部：インデックスレジスタなどの指定

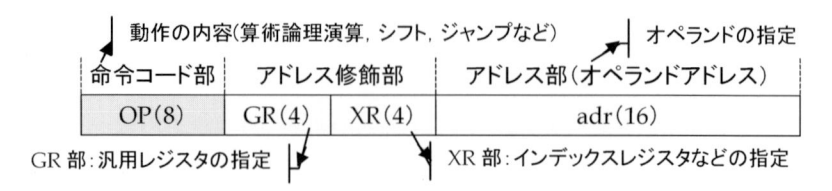

図3.1 命令形式例 － COMETⅡの機械語命令の構成 －

A. 命令の表記法

　機械語命令を表記する場合，1，0 のビットパターンや 16 進数で表記すると意味がわかりにくいため，通常は，各命令に簡単な英数字や記号を対応させた表意記号（ニーモニック記号：mnemonic symbol または，ニーモニックコード：mnemonic code）を使って表現する。

　COMET Ⅱ に対応するアセンブラ言語には，CASL Ⅱ があり，命令語は次のように表現される。

（命令形式）

OP	GR	XR	adr

ニーモニック表現では下記のようになる。

（ニーモニック表現）

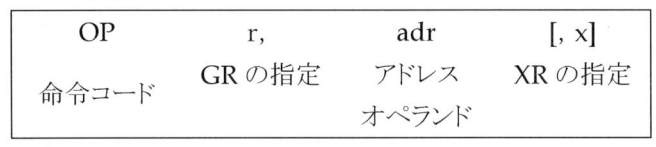

OP 命令コード	r, GR の指定	adr アドレス オペランド	[, x] XR の指定

（命令の意味）

　　第 1 オペランド GR と（adr+x）で指定される主記憶にある第 2 オペランドとの間で命令コード（OP）で指定される動作を行い，結果を第 1 オペランドに格納する。

　命令コード（OP）もロード（load）命令は LD，ストア（store）命令は ST などと簡略化して表す。

　例えば，汎用レジスタ r に主記憶の adr 番地のデータを格納する場合は，
　　　　LD　　r, adr
となる。2 番目の汎用レジスタに主記憶の 100 番地の内容を格納する場合は，
　　　　LD　　2, 100
と記述する。アドレス修飾に指標レジスタ x を指定する場合は，
　　　　LD　　r, adr, x
と記述する。

例題 3-1

命令「st　1, 50, 3」の動作を説明せよ。

解答

GR1 の内容を実効アドレス（＝50＋XR3 の値）に格納する。

B.　オペランドアドレスの数

オペランドアドレスの数は，性能に関係してくる項目である。命令セットアーキテクチャの違いにより，オペランドアドレスの数が異なってくる。

(1) 0 アドレス命令

スタック（stack：最後に入ったオペランドが最初に取り出されるメモリ構成）を持つ CPU では，オペランドはスタックにあり，スタック内ですべての演算が行われるため，オペランドアドレスが必要とならない。

(2) 1 アドレス命令

汎用レジスタと主記憶間で処理を行い，結果を汎用レジスタに戻す。必要なオペランドアドレスは一つとなる。

(3) 2 アドレス命令

主記憶アドレス A と主記憶アドレス B のオペランド間で処理を行い，結果を主記憶アドレス A に戻す。

(4) 3 アドレス命令

主記憶アドレス A と主記憶アドレス B のオペランド間で処理を行い，結果を主記憶アドレス C に戻す。

C.　命令長による分類

命令には，長さが一定の**固定長命令**と長さが異なる**可変長命令**がある。固定長命令は一つの命令を単純化して，固定長命令の組合せで高機能を図り，可変長命令は一つの命令で多くの機能を処理する（図3.2）。

固定長命令は，命令レジスタの長さやデコード回路の単純化など CPU アーキテクチャをより簡単化，小規模化できるため，特定用途向けプロセッサ，マイクロプロセッサなど VLSI 化向き，パイプライン処理向きのアーキテクチャといえる。高級言語のコンパイラも高性能化が図れる。

可変長命令は，一つの命令で多くの機能を指定でき，より高機能化，高性能化を実現できる。反面，CPUの構造が複雑となり，開発コストも増大する。汎用コンピュータなどで採用されている。命令長はバイト単位となる。

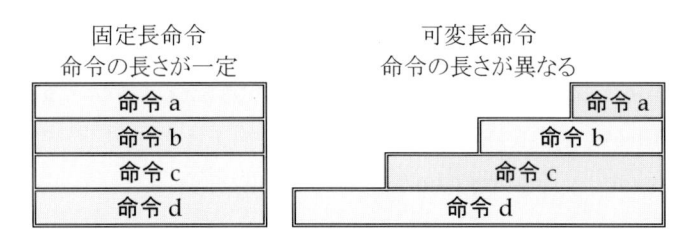

```
       固定長命令              可変長命令
     命令の長さが一定         命令の長さが異なる
     ┌──────────┐                    ┌──────┐
     │  命令 a   │                    │命令 a│
     ├──────────┤                ┌───┴──────┤
     │  命令 b   │                │  命令 b   │
     ├──────────┤            ┌───┴──────────┤
     │  命令 c   │            │    命令 c     │
     ├──────────┤        ┌───┴──────────────┤
     │  命令 d   │        │      命令 d       │
     └──────────┘        └──────────────────┘
```

図 3.2　固定長命令と可変長命令

D.　オペランドの種類別による分類

命令は二つのオペランドデータ間の処理を行う。オペランドの対象となるデータは，メモリ (storage) にあるか，レジスタ (register) に存在するか，あるいは，即値 (immediate) の3種類であるから，オペランドデータの種類別組合せは，レジスタ (R) －レジスタ (R)，レジスタ (R) －メモリ (S)，メモリ (S) －メモリ (S)，レジスタ (R) －即値 (I)，メモリ (S) －即値 (I) の組合せが存在する（図3.3）。この組合せで命令の種類を決める。命令の形式は，RR形式，RS形式，SS形式，RI形式，SI形式となる。汎用コンピュータ IBM370 シリーズでは，このような形をとっている。

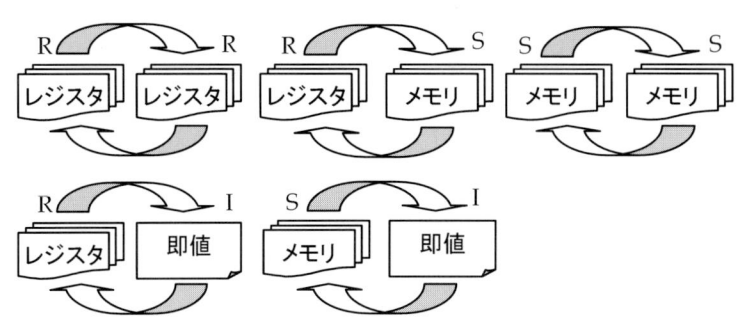

図 3.3　オペランドの種類別組合せ例

3.2 アドレス指定方式

　主記憶をアクセスする実際のアドレスを**実効アドレス**（effective address），実効アドレスを決めることを**アドレス指定**（アドレシング：addressing），アドレス指定の方法を**アドレシングモード**（addressing mode）という。メモリへのアクセスはメモリアドレスレジスタ（MAR：memory address register）とオペランドを格納するメモリデータレジスタ（MDR： memory data register）を介して行われる。

3.2.1　アドレシングモード

　代表的なアドレシングモードには，直接アドレス（direct address），間接アドレス（indirect address），相対アドレス（relative address），インデックス修飾アドレス（indexed address），ベースレジスタ（基底）アドレス（base register address），即値アドレス（immediate address）がある。

A．　直接アドレス

　命令のアドレス部で直接実効アドレスを指定する。図 3.4 の例では，アドレス部でデータの入っている主記憶の 100 番地を直接指定してアクセスする。

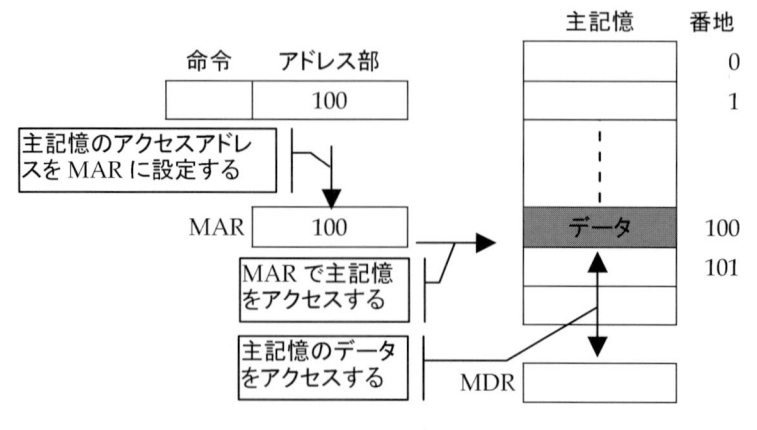

図 3.4　直接アドレス方式

B. 間接アドレス

アドレス部で指定される番地の中に実効アドレスが存在する。図 3.5 の例では，アドレス部で指定される 100 番地の主記憶に実効アドレス 200 が存在する。

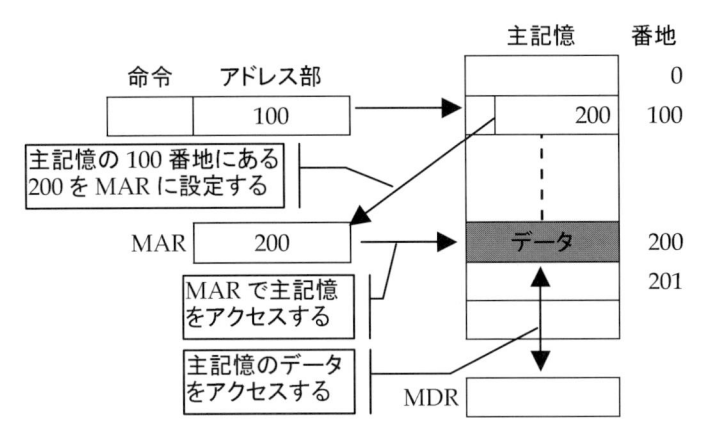

図 3.5　間接アドレス方式

C. 相対アドレス

実行中の命令アドレス（PC : program counter の値）を基準に，アドレス部で指定される値を加えて，実効アドレスを計算する（図 3.6）。

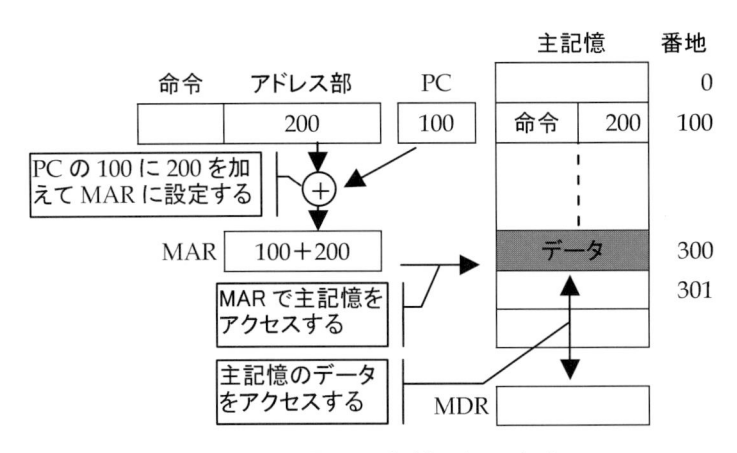

図 3.6　相対アドレス方式

D. インデックスレジスタ修飾アドレス

アドレス部の値にインデックス（指標）レジスタの値を加えて，実効アドレスを計算する（図 3.7）。

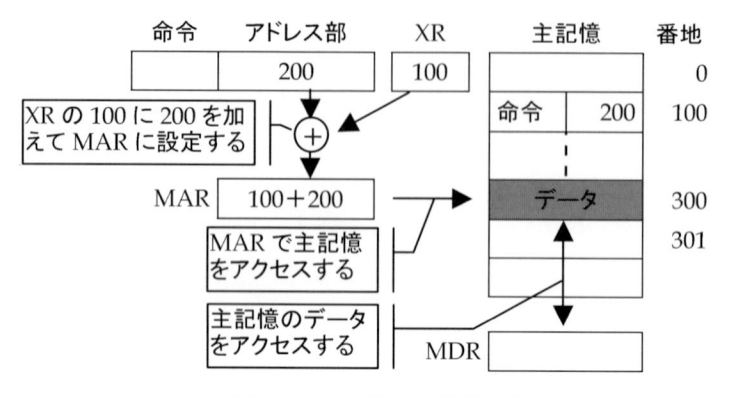

図 3.7 インデックス修飾アドレス方式

E. ベースレジスタ修飾アドレス

アドレス部の値にベースレジスタの値を加えて，実効アドレスを計算する。ベースレジスタは別名リロケーションレジスタと呼ばれ，プログラムの再配置機能（program relocation）を提供できる（図 3.8）。この機能を使えばプログラムの内容を変更することなく，ベースレジスタの値を変更するだけで，プログラムを別の場所に移動できる。

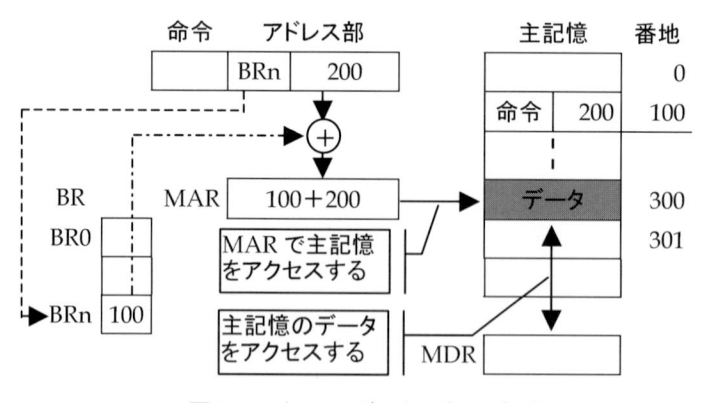

図 3.8 ベースレジスタアドレス方式

F. 即値アドレス

アドレス部でオペランドそのものを指定する。アドレスとしてでなく，コンスタントデータ（定数）として扱う。例では，値100そのものがオペランドである。

OP	100

G. アドレス指定方式の特徴

これらアドレス指定方式の特徴を表3.1に示す。

表3.1　アドレス指定方式の特徴

アドレス指定	特　徴	用　途	備　考
直接アドレス	アドレスが常に一意に決まる	すべての命令	ベースアドレス方式は他のアドレス方式と併用される。ベースアドレスの設定はOSで行う
ベースレジスタ			
指標レジスタ	同一の命令を実行してもインデックス値が異なれば，異なるオペランドアドレスでアクセスされる	同一操作を連続または一定間隔の記憶領域に施したいときに使用する。サブルーチンからの戻り処理に使う	インデックスレジスタに値をセットするのはユーザが行う
間接アドレス	命令語で指定したアドレスでアクセスされる内容がオペランドアドレスとなる	サブルーチンからの戻りに使用する。複雑なテーブル操作に使用する。記憶領域が不連続で等間隔でない場合に使用する	間接アドレスの子（ネスト）を許しているものもある。間接指定されたアドレスにデータではなく次のアドレスが指定されている命令語である
即値アドレス	命令語にオペランドそのものを含む	定数（コンスタント）を提供する。記憶領域の節約と実行時間の短縮となる	命令語の番地部のビット数で表現できる値以外のものは扱えない。定数データは参照の対象であるが，書込みは不可能である

3.3 命令の種類

命令の種類は命令セットアーキテクチャやコンピュータの種類により異なる。コンピュータは五大機能で構成され，データ処理を行う命令の性質には共通なところがある。ここでは，各機能に関係付けて代表的な命令を分類して説明する。

3.3.1 代表的な命令
A．データ転送命令
五大機能の記憶との間のデータの読出しと書込みに関する命令でロード命令，ストア命令，ムーブ命令などがある。データ転送は，メモリ間，メモリとレジスタ間，レジスタ間で行われる。転送されるデータはバイト単位の固定長が主流であるが，事務処理では可変長の大量データ転送を一つの命令で行うムーブ命令がある。また，信号処理や画像処理を高速に実行するためのビット列を転送する命令などがある。

```
ムーブ命令形式の例
（命令形式）
| OP | L1 | L2 | adr 1 | adr2 |
|    |   L    |       |      |

L：オペランド長  L1：第1オペランド長  L2：第2オペランド長
adr 1：第1オペランドアドレス  adr2：第2オペランドアドレス
（命令の意味）
　第2オペランド（adr2）の可変長データを（adr1）で指定される主記憶にある第1オペランドに転送する。
```

B．演算命令
ALU動作を行う命令で算術演算命令，論理演算命令，シフト命令，比較命令などがある。

演算結果はCPU内のプログラム状態語（PSW：program status word）と呼ばれる制御情報レジスタの条件コード（CC：condition code）レジスタに格納される。算術演算では正，負，零，オーバフロー，桁上げビットなどを示すコードが，比較条件では大小，一致を示すコードが設定される。

条件（コンディション）コードレジスタはフラグレジスタ（FR）とも呼ばれ，CASL II では
　　　演算結果が正のときには 00
　　　演算結果が零のときには 01
　　　演算結果が負のときには 10
が設定される。

C. 分岐命令

分岐（branch）命令は，プログラムの実行順序を変更する命令で，構造化プログラミングで条件文の実行に関連して多用され，使用される頻度も高い。パイプライン制御では，分岐予測処理の性能がプログラム実行に与える影響が大きく，さまざまな高速化の工夫がなされている。

分岐命令には，条件コードに従い分岐する条件付分岐と条件コードに関係なく特定番地に飛んで行く無条件分岐がある。

D. 制御命令

割込み処理，仮想記憶処理，障害管理／回復処理などシステムや CPU 動作を制御する命令である。間違った使い方によりシステム障害の原因となる場合もあり，通常は一般ユーザが使用できない特権命令扱いされる。

E. 入出力命令

ハードディスク，通信制御装置など入出力装置への起動，データアクセス処理，終了処理などに関連した命令である。入出力命令は入出力の起動を行う SIO（start I/O）命令，入出力状態を把握する SENSE 命令，入出力の異常状態をリセットして強制終了する HIO（holt I/O）命令などがある。

例題 3—2

加減乗算を実行する命令セットアーキテクチャの設計を行い，6×3 を実行する機械語命令のプログラムを示せ。

解答 図 1.6 6＋5 演算命令の実行例を参考にする。

(1) 主記憶装置と演算装置の構成，命令形式を決める。

命令形式は，1 語長 32 ビットとする。即値データを ID と表す。

| OP(8) | GR(4) | XR(4) | adr(16) |

GR は 16 個とし GR1～GR15 を XR1～XR15 としても使用する。

(命令一覧)　実効アドレス efa は adr＋(XR)で求められる。

命 令	OP	16進	説 明	表 記
ロード	LD	10	r ← (efa)	LD　GR, adr, XR
ストア	ST	20	r → (efa)	ST　GR, adr, XR
加算	AD	70	r ← r＋(efa)	AD　GR, adr, XR
減算	SB	75	r ← r−(efa)	SB　GR, adr, XR
乗算	MP	85	r ← r×(efa)	MP　GR, adr, XR
除算	DV	55	r ← r÷(efa)	DV　GR, adr, XR
即値	LI	30	r ← ID	LI　GR, ID

(2) 6×3 演算の構成と命令の流れ

GR2 を汎用レジスタ，GR1 を指標レジスタ XR1 に設定すると 6×3 の演算は，次のようにプログラムされる。⓪ステップは XR1 の初期値設定である。

⓪ LI 1, 100　① L 2,10,1　② MP 2,20,1　③ ST 2,30,1

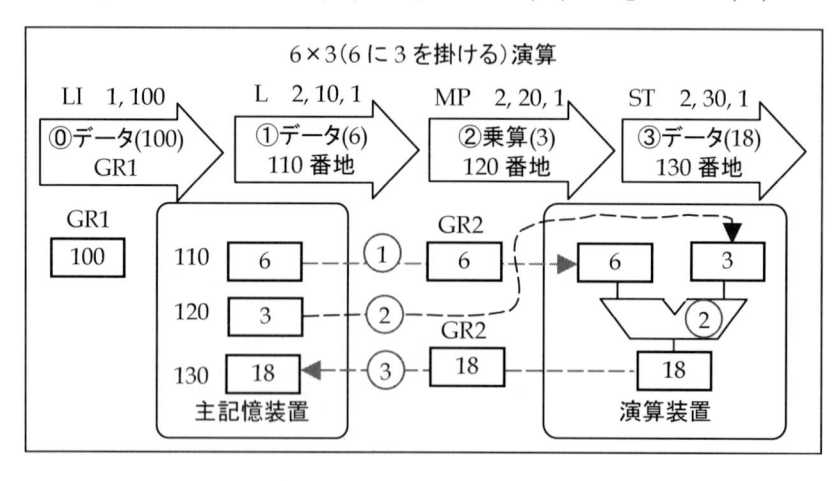

6×3(6 に 3 を掛ける)演算

まとめ

● メモリやレジスタに格納されている処理の対象となるデータをオペランドと呼び、命令は、オペランドに対する動作を指定する命令コード部とオペランドアドレスを指定するオペランド部から構成される。

● オペランドアドレスの指定方式には、インデックスレジスタやベースレジスタなどで修飾される場合もある。

● 機械語命令を表記する場合、2進数（1,0）や16進数で表記すると意味がわかりにくいため、通常は、各命令に簡単な英数字や記号を対応させたニーモニック記号を用いる。

演習問題

【3-1】 ベースレジスタアドレス方式のロード命令 [LD GR,ad,BR] は BR の内容に ad を加えた値を実効アドレスとして、その実効アドレスが示す主記憶に格納されているデータを汎用レジスタ GR にロードする命令である。BR は GR の一部を使用する。加算命令は [ADD GR,ad,BR]、減算命令は [SUB GR,ad,BR]、ストア命令は [ST GR,ad,BR] で表す。レジスタ、メモリの内容が次の表で表されるとき、(1)−(2)−(3)−(4)の順番で命令を連続して実行した後のおのおのレジスタ、メモリの内容を求めよ（変更点のみ訂正せよ）。値はすべて10進数と考えよ。

初期値	レジスタ		番地	データ	番地	データ	番地	データ
	GR0	10	100	1000	105	63	110	125
	GR1	12	101	125	106	1025	111	325
	GR2	100	102	101	107	365	112	111
	GR3	102	103	23	108	278	113	457
	GR4	50	104	1536	109	369	114	329

(1) LD GR1,2,GR3   LD GR4,12,GR2

レジスタ		番地	データ	番地	データ	番地	データ
GR0	10	100	1000	105	63	110	125
GR1	12	101	125	106	1025	111	325
GR2	100	102	101	107	365	112	111
GR3	102	103	23	108	278	113	457
GR4	50	104	1536	109	369	114	329

(2) LD GR2,5,GR2   LD GR3,0,GR3

レジスタ		番地	データ	番地	データ	番地	データ
GR0	10	100	1000	105	63	110	125
GR1	12	101	125	106	1025	111	325
GR2	100	102	101	107	365	112	111
GR3	102	103	23	108	278	113	457
GR4	50	104	1536	109	369	114	329

(3) ADD GR2,6,GR3   SUB GR4,2,GR3

レジスタ		番地	データ	番地	データ	番地	データ
GR0	10	100	1000	105	63	110	125
GR1	12	101	125	106	1025	111	325
GR2	100	102	101	107	365	112	111
GR3	102	103	23	108	278	113	457
GR4	50	104	1536	109	369	114	329

(4) ST GR1,9,GR3   ST GR2,10,GR3   ST GR3,11,GR3   ST GR4,12,GR3

レジスタ		番地	データ	番地	データ	番地	データ
GR0	10	100	1000	105	63	110	125
GR1	12	101	125	106	1025	111	325
GR2	100	102	101	107	365	112	111
GR3	102	103	23	108	278	113	457
GR4	50	104	1536	109	369	114	329

【3-2】 すべての命令を固定長命令にした場合のメリット，デメリットを考察せよ。

第4章
制御アーキテクチャ

＊本章の内容＊

4.1 命令実行制御
    4.1.1 制御の基本機能
    4.1.2 バスアーキテクチャ
4.2 マイクロプログラム制御
    4.2.1 マイクロプログラムの構成
    4.2.2 マイクロプログラムの応用
    4.2.3 マイクロプログラム制御方式の特徴
4.3 高速化アーキテクチャ
    4.3.1 並列処理アーキテクチャの形態
    4.3.2 先行制御方式
    4.3.3 パイプライン制御方式
4.4 割込み制御
    4.4.1 割込みとは
    4.4.2 割込み処理
    まとめ
    演習問題

　この章では，命令実行制御の基本とマイクロプログラム制御方式，命令の実行を中断する割込み制御について述べる。高速化アーキテクチャでは，並列処理の一般的処理形態の基本と応用である先行制御，パイプライン方式について述べる。

4.1 命令実行制御

4.1.1 制御の基本機能

コンピュータが動く仕組みは，プログラムのステップ動作に対応して，命令の読出しと実行が繰返し行われることである．命令の読出しから実行までの一連の流れを制御するのが命令実行制御で，流れの各処理ステップをサイクル（段階：cycle）と呼ぶ．各処理ステップは，通常は1クロックサイクルで動作する．図4.1に処理ステップの例を示す．

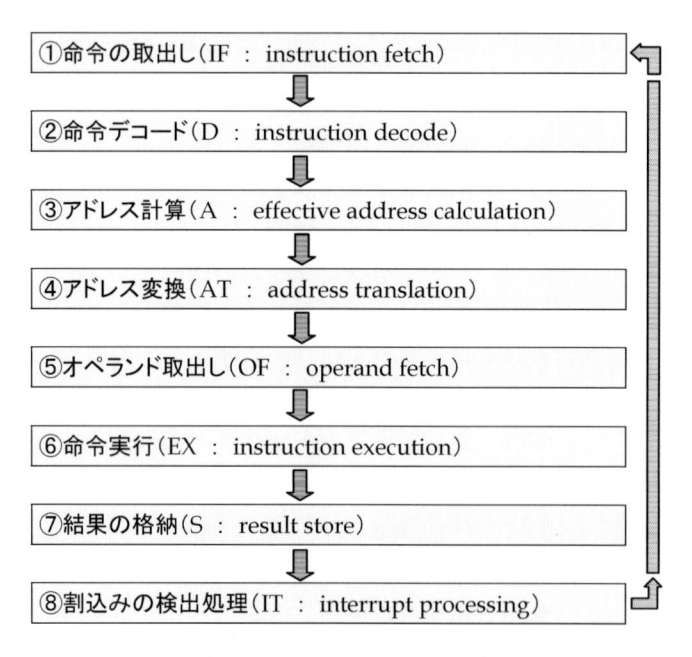

```
①命令の取出し（IF ： instruction fetch）
        ↓
②命令デコード（D ： instruction decode）
        ↓
③アドレス計算（A ： effective address calculation）
        ↓
④アドレス変換（AT ： address translation）
        ↓
⑤オペランド取出し（OF ： operand fetch）
        ↓
⑥命令実行（EX ： instruction execution）
        ↓
⑦結果の格納（S ： result store）
        ↓
⑧割込みの検出処理（IT ： interrupt processing）
```

図4.1 命令実行制御の処理ステップの例

A. 処理の流れ

命令の取出しから結果の格納までが命令実行処理の流れである．命令の呼出しサイクル（①～②）とオペランド処理サイクル（③～⑧）に分かれる．割込みの検出処理は命令の最終処理段階ですべての命令に共通して実施され，割込みがない場合は割込み処理サイクルは発生しない．

B. 実行のサイクル
(1) 命令取出しサイクル（instruction fetch cycle）（①〜②）

主記憶から命令を取り出し，制御ユニットの命令レジスタに格納する。命令を解読（decode）して，演算，入出力など処理内容を確認する。

(2) 実行サイクル（③〜⑧）

オペランドの取出しに必要な実効アドレスを計算，仮想アドレス変換が必要な場合は，アドレス変換を行い，主記憶またはレジスタからオペランドを取り出し実行，結果を格納する。最後に，割込み状態を確認して，再度次の命令サイクルから繰り返す。

これら，処理ステップはレジスタ転送機能，メモリアクセス機能，ALU機能など複数の基本機能の組合せで成り立っている。命令の取出しサイクルでは，レジスタ転送機能とメモリアクセス機能で構成され，命令実行サイクルではALU機能で構成される。より単純な動作命令である基本機能は，ハードウェアの制御信号と同じ意味を持つ。基本機能はマイクロ命令でもある。

基本機能を論理演算素子で構成する方式をハードウェア方式または，布線論理制御方式（wired logic）といい，基本機能を制御記憶（制御メモリ）で構成する方式をマイクロプログラム方式という。

C. 布線論理制御方式

ワイヤードロジック方式（wired logic）と呼ばれ，ANDゲートやORゲートなどの論理回路のみで制御回路を構成する。制御の状態遷移（state transition）は状態遷移図（state transition diagram）で表すことができるので，順序回路や組合せ回路で状態制御（state controller）回路が構成できる。ワイヤードロジック方式で一度設計すると変更が不可能であるが，マイクロプログラム方式に比べ性能が高いことから，高速制御を必要とするパイプライン制御，RISC（reduced instruction set computer）アーキテクチャなどで使用される。

RISCでは，クロックサイクルのスピードアップを狙う目的で，命令の単純化を図ると同時に布線論理制御方式を採用している。

4.1.2 バスアーキテクチャ

主記憶ユニットと DMA チャネルとのデータ転送，命令実行ユニットへの命令フェッチ（読込み）など主記憶ユニットとのデータ交換はバスを利用して行われる．コンピュータシステム内で共通に使用するバスをシステムバスという．システムバスの構成は性能に影響を与える．システムバスのバス幅は通常アーキテクチャで規定され，16 ビット幅の場合は 16 ビットアーキテクチャ，32 ビット幅の場合は，32 ビットアーキテクチャと呼ばれる．

システムバスの性能は，バス幅を n（B：バイト），バスのサイクルタイムを m（ns：ナノ秒）とすると

$$\frac{n}{m} \times \frac{10^9}{10^6} = \frac{n}{m} \times 10^3 \quad \text{MB/s}$$

で表される．パソコンなどマイクロプロセッサを使ったシステムでは，内部バスに直接補助記憶装置，入出力機器，モデムなどを接続する構成をとっている（図 4.2）．

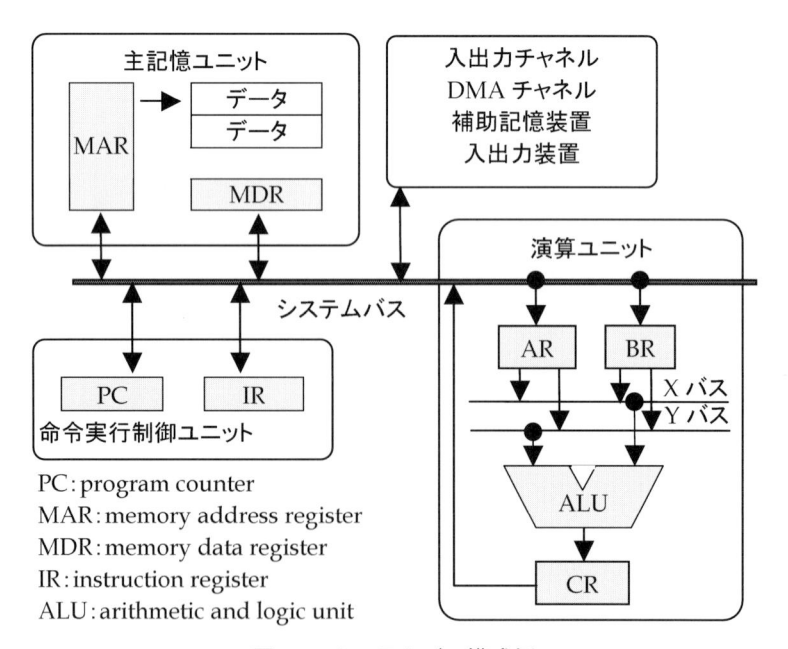

PC：program counter
MAR：memory address register
MDR：memory data register
IR：instruction register
ALU：arithmetic and logic unit

図 4.2 システムバス構成例

4.2 マイクロプログラム制御

4.2.1 マイクロプログラムの構成

命令実行を制御する流れの基本機能をマイクロ命令（micro instruction）または制御語（control word）といい，マイクロ命令を体系化したものをマイクロプログラム（microprogram），個々のマイクロプログラム動作をマイクロ操作（μ op：micro operation）という。マイクロプログラムは制御記憶（control storage または control memory）に格納され，命令の実行に伴い，1ステップ単位で読み出され実行される。制御記憶は通常は，読取り専用の固定記憶（ROM）で構成されるが，書換え可能なRAMや主記憶の一部をマイクロプログラム領域として割り当てる方式もある。図4.3にマイクロプログラム制御の構成例を示す。

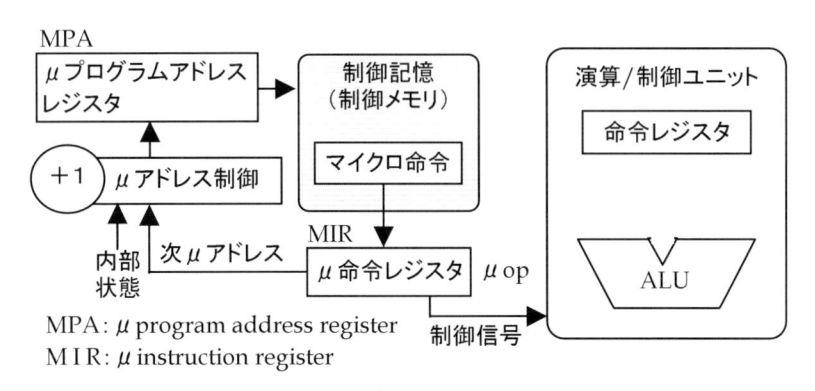

図4.3 マイクロプログラム制御の構成例

マイクロプログラムは，制御記憶（制御メモリ）に格納されている。汎用マイクロプロセッサでは，ROMで構成される。制御記憶のマイクロ命令はマイクロ命令レジスタ（MIR）に読み出されデコードされて実行される。デコードされたマイクロ命令の動作（マイクロ操作／マイクロ動作：μ op）は制御信号となり，演算／制御ユニットの動作を指定する。

マイクロ命令レジスタ（MIR）のアドレス情報は，次のマイクロ命令のアドレス指定も行う。通常，マイクロプログラムは連続アドレスに格納さ

れているので，マイクロプログラムアドレスレジスタ（MPA）を+1 していくが，マイクロプログラムの分岐条件やプログラムチェック，入出力割込みなどが発生すると，内部状態から強制的にマイクロプログラムアドレスレジスタ（MPA）に飛び先（ブランチ）アドレスの設定を行い，割込み処理ルーチンなどへジャンプする。

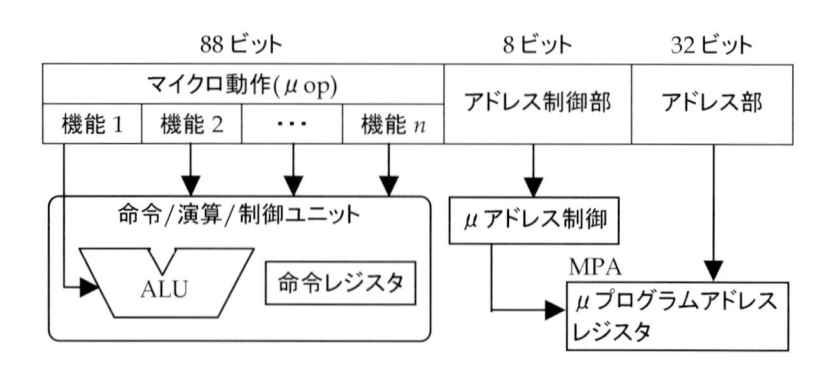

A. マイクロ命令の形式

マイクロ命令の形式には，水平型（horizontal format），垂直型（vertical format）の 2 種類がある。水平型はマイクロ命令の動作（μop）を指定する各ビットが制御信号としてハードウェアを直接制御する方式で，性能はよくなるが，ビット数が増大する。垂直型はマイクロ命令の各ビットをデコードして制御する方式で，ビット数が少なくて済むが，デコードに時間がかかる。

（1） 水平型マイクロプログラム方式

マイクロ動作は，ハードウェア制御回路ごとに機能分割され各機能が直接 ALU 機能や命令実行機能などに制御信号として働く。マイクロ命令の次アドレスも毎回アドレス部で直接指定する。マイクロ命令の実行速度は速いがマイクロプログラムの容量が増えるため，汎用マイクロプロセッサには不向きといえる。図 4.4 に水平型マイクロ命令の形式例を示す。

図 4.4　水平型マイクロ命令の形式例

(2) 垂直型マイクロプログラム方式

マイクロ動作やアドレス制御はエンコードされた形で制御記憶に格納され，実行時にデコードされる。通常は，次アドレスは，+1 で動作するためアドレス部のビットも少なくてよい。図 4.5 に垂直型マイクロ命令の形式例を示す。

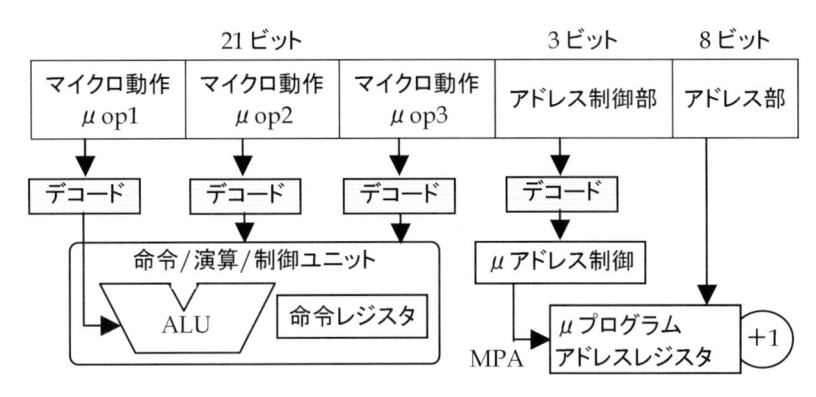

図 4.5　垂直型マイクロ命令の形式例

B. マイクロプログラムのアドレス方式

マイクロプログラムは通常のプログラム同様に制御記憶から逐次読み出され実行される。次に実行するマイクロ命令の格納場所（次アドレス）を計算して指定する方式をマイクロプログラムのアドレス方式といい，プログラムカウンタ方式，直接アドレス方式，両者併用方式がある（図 4.6）。

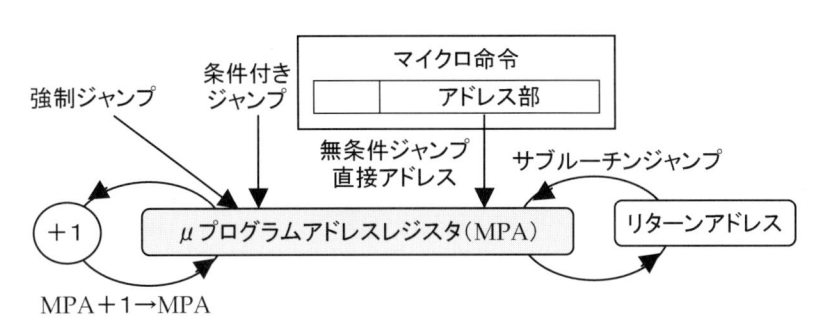

図 4.6　マイクロプログラムアドレス方式例

(1) 直接アドレス方式

　直接アドレス方式は，毎回マイクロ命令のアドレス部で次のアドレスを指定していく方式であり，水平型マイクロプログラムで多用される。大量のマイクロプログラムのアドレスビットが必要で，制御記憶容量も増加する。高速処理を必要とする汎用コンピュータなどで使用される。

(2) プログラムカウンタ方式

　プログラムカウンタ方式は，マイクロプログラムアドレスレジスタを＋1カウンタで構成して連続実行されている間の次アドレス指定をマイクロ命令のアドレス部ではなくカウンタにより行う方式である。垂直型マイクロプログラムで多用される。

(3) 処理の流れを変えるアドレス制御

　連続実行中の処理の流れ（シーケンス）を変更する必要がある場合は，現在実行中のマイクロプログラムのシーケンスを強制的に変更（ジャンプ）するアドレス制御が必要となる。例えば，コンピュータの異常状態を知らせるマシンチェック割込みなどによる強制ジャンプ，プログラム実行中に発生するプログラム割込みによりジャンプする条件付きジャンプ，サブルーチンへの行きと戻りを設定するサブルーチンジャンプとサブルーチンリターンなどがある。

　現在実行中のマイクロプログラムを中断して別のマイクロプログラムアドレスにジャンプする場合は，中断されたアドレスを一時的に退避しておき，中断された処理を再開する場合は退避アドレスをμプログラムアドレスレジスタ（MPA）に戻して，再度前のアドレスに強制ジャンプする。

　水平型マイクロプログラム方式では次マイクロ命令アドレスを毎回直接指定する方式のため無条件ジャンプを繰り返していることと同じである。

C. サブルーチン

　マイクロプログラムでは，処理する機能の塊をサブルーチン形式で用意しておき，利用する。マイクロ命令は通常のプログラム同様，処理の流れ（シーケンス）の途中でサブルーチン処理を行い，通常のプログラムルーチン同様に所定の処理が終了すれば，元のマイクロ命令アドレスに戻り，処理を続行する。サブルーチンとしては，例えば，機械語の乗算命令処理，

割込み処理などがある（図4.7）。マイクロプログラムの容量を減らす効果がある反面，処理速度の若干の低下となる。

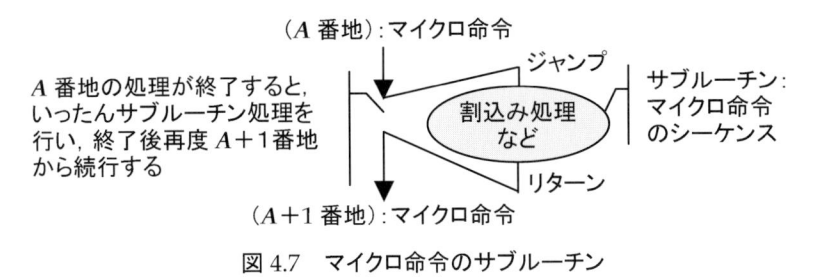

図 4.7　マイクロ命令のサブルーチン

4.2.2　マイクロプログラムの応用

A．ファームウェア（F/W ： firmware）

プログラムの一部をマイクロプログラム化したものをファームウェアと呼ぶ。ハードウェアとソフトウェアの中間に位置することから，マイクロプログラムをファームウェアと呼ぶこともある。ソフトウェア処理をファームウェア化するとシステム性能の向上が図れる場合がある。

(1)　高機能命令

複数の命令で実行していたよく使われる処理をまとめ，結合した高機能命令としてファームウェア化する。複数の機械語命令をまとめるとメモリアクセスの回数が削減されるため，性能向上に効果がある。一方，メモリアクセスのないレジスタ命令どうしを結合しても，思ったほどの効果が得られないこともある。

(2)　OS機能

プロセス管理，メモリ管理，入出力管理，システム管理などをファームウェア化してハードウェアで直接制御する。割込み処理などでは，OSのオーバヘッド削減に効果がある。

(3)　高級言語の直接実行

C言語，COBOLなどのプログラム言語は，コンパイル時点で一度内部処理用の中間言語に変換してオブジェクを作成して，リンク操作で実行可能なロードモジュールに落とす作業を行う。中間言語を機械語に落とさずに，ファームウェア化して直接実行することにより性能向上を図る。

B. エミュレータ

異なる命令セットアーキテクチャをシミュレートするマイクロプログラムをエミュレータという。異なる機種の命令をシミュレートできるので，互換性問題や OS の変更にも対応できる。ソフトウェアによるシミュレーションに比べて高速であるが，異なる機種間でのエミュレートの場合は，マイクロプログラムのステップ数が増加するため，一般的には性能低下となる。エミュレートされる CPU の性能がエミュレートする CPU より性能が高いと古いマシンの性能が維持される。

C. マイクロ診断

診断専用のマイクロプログラムを用意しておき，CPU の空き時間を利用して，システム診断を行うことをマイクロ診断という。ソフトウェアや CPU 処理とは独立して動作するサービスプロセッサ装置を持つ構成をとって，CPU に割込みを入れながら診断する方式や，障害発生時は通信回線，インターネットを利用してリモート（遠隔）診断を行う方式などがある。

4.2.3　マイクロプログラム制御方式の特徴

一般的に布線論理制御方式は性能面で有利であり，マイクロプログラム制御方式は機能追加，設計変更が容易など柔軟性に優れている（表 4.1）。

表 4.1　マイクロプログラム制御方式の特徴

長　所	短　所
①データ構造(ハードウェア)と制御構造が明確に分離できる ②システムに柔軟性が生まれる 　設計や仕様変更，命令の追加，保守などが容易である ③論理構造に規則性がある 　VLSI 設計やマイクロ診断に適している ④マクロ命令のエミュレートや仮想計算機（virtual machine）の実現が可能でソフトウェア開発コストの削減となる ⑤プログラムのファームウェア化などにより高速演算が可能となる	①制御記憶の速度が CPU のクロックを決める。通常，制御記憶は CPU の論理回路よりも遅いことが問題となる ②キャッシュメモリと制御メモリに同じ速度のメモリが使用され，機械語命令とマイクロ命令との性能ギャップがなくなる ③パイプライン処理，スーパスカラ処理など並列化が進むと，マイクロプログラム方式では制御できない部分が生じる。RISC プロセッサなどではマイクロ命令をワイヤードロジックで実現する ④高速の記憶素子は高価である

4.3 高速化アーキテクチャ

4.3.1 並列処理アーキテクチャの形態

フリン（Flynn）は，アーキテクチャを命令とデータの流れ（ストリームという）の組合せで分類した。命令ストリーム（命令の流れ）は制御ユニットで実行され，データストリーム（データの流れ）は演算ユニットと記憶ユニットで実行される。制御ユニットを命令ユニット，演算ユニットと記憶ユニットを併せてデータユニットと呼ぶことにする。命令ストリームの並列化とは，命令ユニットの並列化を，データストリームの並列化は，実行ユニットの並列化を意味している。次の四つがある。

A． SISD（single instruction single data stream）

単一データストリームを単一命令ストリームが制御する。通常の逐次処理アーキテクチャ（ノイマン型）である（図4.8）。

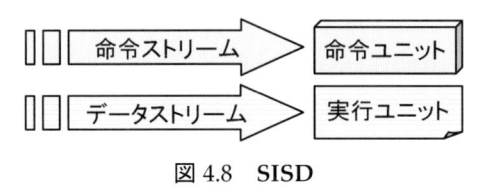

図 4.8　SISD

B． SIMD（single instruction multi data stream）

複数データストリームを単一命令ストリームが制御する。データストリーム間では同期がとられる。ベクトルプロセッサやスーパコンピュータなどがこれに分類される（図4.9）。

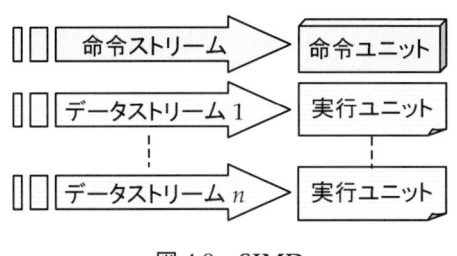

図 4.9　SIMD

C. MISD（multi instruction single data stream）

単一データストリームを複数命令ストリームが制御する。複数の演算装置を備えて並列処理を行うスーパスカラ（superscaler）のパイプライン，シストリックアレイなどを MIMD に分類する場合もある（図 4.10）。

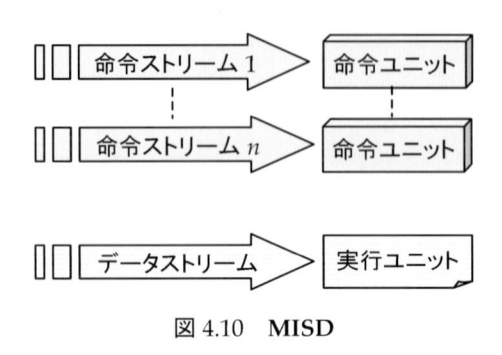

図 4.10　MISD

D. MIMD（multi instruction multi data stream）

複数データストリームを複数命令ストリームが制御する。異なった命令ストリームで実行されるデータストリームは非同期的に独立して処理される。マルチプロセッサシステム，マルチコンピュータシステムなどが分類される（図 4.11）。

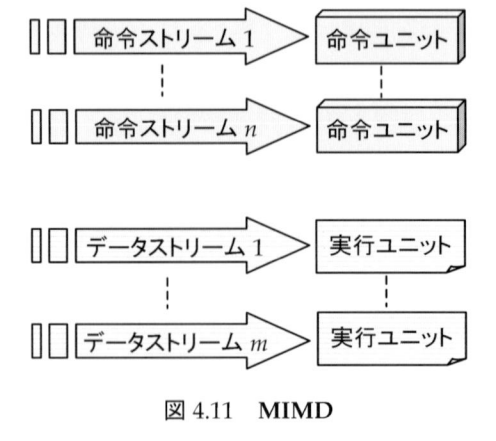

図 4.11　MIMD

E. 逐次制御 (sequential control) 方式 (SISD)

ノイマン型アーキテクチャで命令を1個ずつ順番に実行していく方式である。命令の取出し (IF) と命令デコード (D) を行う命令の取出しサイクル (I), 命令実行サイクル (E) のオペランド取出し (OF) と命令実行 (EX) を順番に実行する。命令1と命令2の合計実行時間は, 各サイクルが1単位時間 (t) かかるとすると, 8t 必要である (図 4.12)。

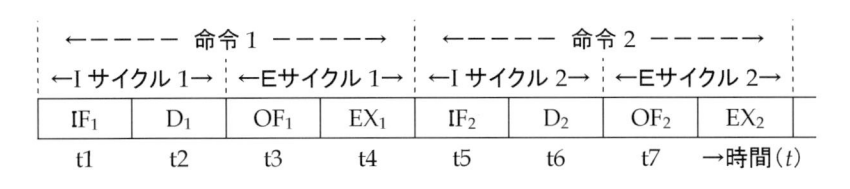

←――― 命令 1 ―――→				←――― 命令 2 ―――→			
←Iサイクル 1→		←Eサイクル 1→		←Iサイクル 2→		←Eサイクル 2→	
IF_1	D_1	OF_1	EX_1	IF_2	D_2	OF_2	EX_2
t1	t2	t3	t4	t5	t6	t7	→時間(t)

図 4.12 逐次制御方式

4.3.2 先行制御方式 (advanced control)

一つの命令が終了しないうちに次の命令やオペランドの先取りを行う制御方式である (図 4.13)。命令1から命令4の平均実行時間は四つの命令が 7t 時間に終了することから 7t/4 となる。

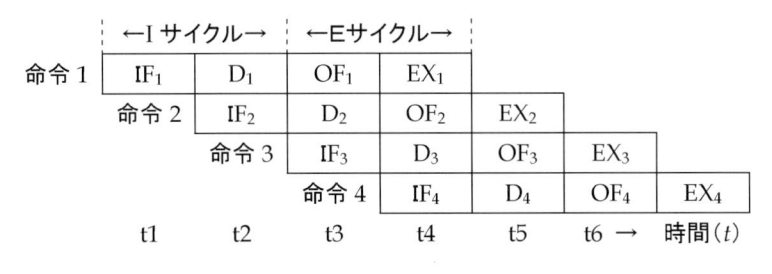

	←Iサイクル→		←Eサイクル→				
命令 1	IF_1	D_1	OF_1	EX_1			
命令 2		IF_2	D_2	OF_2	EX_2		
命令 3			IF_3	D_3	OF_3	EX_3	
命令 4				IF_4	D_4	OF_4	EX_4
	t1	t2	t3	t4	t5	t6 →	時間(t)

図 4.13 先行制御方式

A. 命令先行制御

命令の先取り制御を行う。IF_1 サイクル終了後, ただちに命令2の命令フェッチ IF_2 を実行する。IF_2 と D_1 はオーバラップ制御が行われる。二つの動作を同時に実行することをオーバラップという。

B. オペランド先行制御

オペランドの先取り制御を行う。OF_1 サイクル終了後，ただちに命令 2 のオペランドフェッチ OF_2 を実行する。

C. おいてけぼり制御

命令の最後で，主記憶への書込み動作が終了しないうちに次の命令の実行を始めることを，おいてけぼり制御という。

4.3.3 パイプライン制御方式

産油地から石油を投入すると，輸出用船舶が停泊している港まで延びるパイプラインの中を淀みなく流れるように，命令を連続して投入すると，結果も連続的に出てくる方式である。複数の命令をオーバラップさせて同時実行可能とすることから，命令パイプラインとも呼ばれる。

A. パイプラインの基本

(1) 一つの連続的（シーケンシャル）な処理過程を複数の独立した処理ステップに分解する。各処理ステップの実行時間の合計が命令実行時間となる。この処理ステップをパイプラインステージ（段：stage）または，パイプラインセグメント（segment）ともいう。段をつなげると一つのパイプになり，命令はこのパイプの入口から入って出口から出て行く。

図 4.14 に命令の取出し(IF)とアドレス計算(A)，オペランド取出し(OF)，命令実行（EX）の四つのステージの例を示す。

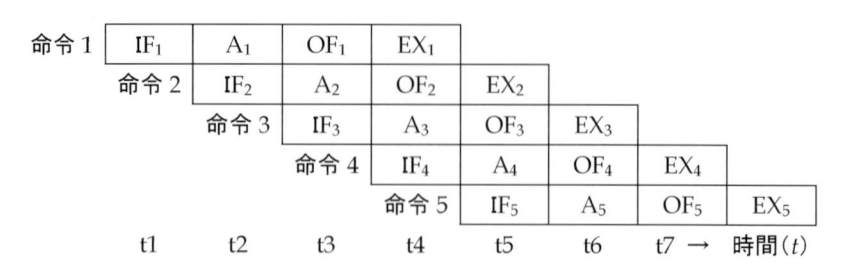

命令								
命令 1	IF_1	A_1	OF_1	EX_1				
命令 2		IF_2	A_2	OF_2	EX_2			
命令 3			IF_3	A_3	OF_3	EX_3		
命令 4				IF_4	A_4	OF_4	EX_4	
命令 5					IF_5	A_5	OF_5	EX_5
	t1	t2	t3	t4	t5	t6	t7 →	時間(t)

図 4.14　パイプライン例（4 段）

段数でパイプラインを表現する。例えば，4段のパイプラインといえば，命令が四つのステージに分解され実行される。段数は同時に実行可能な命令数を表す。4段のパイプラインでは，最大4個の命令が同時に実行される。

(2) 各段は専用の装置（ユニット）で構成する。命令の取出しを専用に行う装置，アドレス計算を専用に行う装置，オペランドの取出しを専用に行う装置，命令実行を専用に行う装置などがある。これらの装置は独立して動作する構成をとる。

(3) 各段は同時に実行される。各段を構成する専用装置は並行処理が可能で複数の命令処理を連続して行う。

(4) 各段は一つのクロックパルスで同時に処理される。最も遅い1段の処理にかかる時間を持つ論理回路の経路をクリティカルパスといい，その時間でCPUのクロックサイクルが決まる。RISCのように命令の長さが一定のほうが，パイプライン向きのアーキテクチャともいえる。

B. パイプラインのスループット

(1) 理想性能

パイプラインの中を命令が途切れることなく実行されるときの性能を理想性能という。図4.15に理想性能の n 段の命令パイプラインを示す。

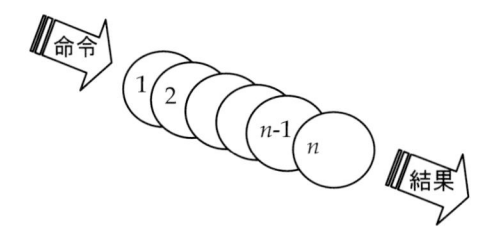

図4.15 n 段の命令パイプライン

パイプの段数を n，各段の処理単位時間を t とすると，最初の命令結果が出てくるまでの初期処理時間（パイプ満杯時間）は $n \times t$ となる。m 個の命令が実行されるとすると，最初は，$n \times t$ 時間かかり，その後は，時間 t

ごとに毎回命令結果が出てくる。$n \times t$ 時間後の $(m-1)$ 個の平均命令実行時間は，t に等しくなる。

m 個の合計命令時間 Sm は，

$$Sm = n \times t + t \times (m-1)$$

となり，m 個の命令の平均命令実行時間 Ta は，

$$Ta = \frac{Sm}{m} = \frac{n \times t + t \times (m-1)}{m} = t + t\frac{n-1}{m}$$

となる。

一般的に $m \gg n$ であれば，m 個の命令平均命令実行時間 Ta は，初期処理時間 $n \times t$ を無視でき，$(m-1)$ 個の平均命令実行時間 t に等しくなる。

(2) パイプライン化による性能向上率

パイプライン制御を行わない平均命令実行時間（Tn）と理想的パイプランの平均命令実行時間（Ta）を比較すれば，パイプライン化によってどの程度の性能向上が可能となるかが求められる。速度向上比を T とすると，

$$T = \frac{パイプライン処理なしの平均命令実行時間（Tn）}{パイプライン処理での平均命令実行時間（Ta）}$$

となる。

C. パイプラインの乱れ

パイプライン処理の途中で，すべての後続する命令の実行を取りやめる状態が発生し，パイプラインの中断，取り消しとなることをパイプラインの乱れという。これをできるだけ回避して，命令の先読み，分岐命令予測などによりパイプライン処理を理想的速度で連続的に実行する工夫がなされる。

(1) パイプラインストール

命令キャッシュからの命令の取出し（フェッチ）が間に合わない場合などでは，パイプラインを一時的に止める操作が必要となる。このことをパイプラインストールという。命令の先取り（プリフェッチ）の精度を上げる方法として，Pentium 4 では，命令キャッシュの代わりに，RISC風命令にデコードした後のマイクロ命令（μop）を実行順で記憶しておき，命令の先取りを可能とする実行トレースキャッシュを設けている。**Pentium 4**

では，容量約 12K のマイクロ命令（μop）用の実行トレースキャッシュを持つ．

(2) パイプラインハザード

分岐命令処理などで，後続のパイプライン命令処理をすべてクリアして最初からやり直す必要が出てくる．パイプラインの段数が深いほど，新規命令処理に時間がかかり全体のスループットが低下する．この影響を最小限に抑えるため，過去の分岐条件の履歴により分岐予測を行う条件分岐バッファを設けるが，この容量を増やすなどの方法で分岐予測の精度を上げる．

D. スーパスカラ

命令の中で互いに干渉しない命令はオーバラップ制御が可能であり，プログラム実行中に順番を入れ換えても論理的な矛盾が生じない．このように，干渉しない命令をプログラムの中から選び出して並列処理する方式をスーパスカラという．Pentium プロセッサで採用されている．

E. スーパパイプライン／ハイパーパイプライン

1 段あたりの処理速度を上げるため，パイプラインの段数を細分化する．マイクロプロセッサの Pentium III で 10 段のスーパパイプラインであったのを，Pentium 4 では，20 段のハイパーパイプライン方式にした．

F. メモリインタリーブとキャッシュメモリ

CPU の高速化手法としてパイプライン方式は有効であるが，パイプの乱れなく，すべての命令を理想的に 1 サイクルで実行可能にするためには，メモリサイクルも高速化する．キャッシュメモリは，CPU と同じクロックサイクルで命令やデータのアクセスを可能としている．通常は，命令専用の命令キャッシュ，データ専用のデータキャッシュを分離した構成である．メモリインタリーブは，複数の独立アクセス可能なモジュール n 個でデータアクセスの並列化を可能にしている．

G. ベクトル演算制御スーパコンピュータ

ベクトル処理の高速化はFORTRANで記述されたDoループの高速化により実現される。

(1) ベクトル処理

一次元配列データ（ベクトルデータ）に同一演算を実行するベクトル命令を設け，多数のデータをまとめて処理することをベクトル処理という。

(2) ベクトル演算機能

ベクトルデータの四則演算，論理演算，シフトなどを行う。

$$C(i) = A(i) \ \text{op} \ B(i)$$

(3) マスク機能

ベクトル実行を可能とするための技法，性能は上がらない。

Doループにif文があっても，ベクトル演算を可能とするため，演算要素をマスクする機能と命令を備えている。

(4) ベクトル ロード／ストア機能

配列上の複数個のデータを一つの命令でload/storeすることを可能としている。間接アドレスで指定されるデータ（リストベクトル）に対しても，load/storeができる。

スーパコンピュータは科学技術計算機能の高速化を図るため，ベクトル処理専用の機能を持つ。ベクトル処理機能をベクトルユニットで，それ以外の演算をスカラユニットと分離して構成をとる。ベクトルユニットでは，ベクトル化されたベクトルレジスタを持ち，パイプライン処理や並列処理を行うことにより，高速化を図る。

性能は浮動小数点演算能力で表し，単位はFLOPS（floating point operation per second）である。

4.4 割込み制御

4.4.1 割込みとは
A. 割込み

割込み（interruption/interrupt）とは，実行中のプログラムを一時中断して他の処理を行うことである．割込み制御は割込みの検知を行い，現在の処理を中断して割込み処理を行うかどうかを決める．割込み処理が終了した後は，中断中のプログラムを再開する．

プログラム実行と無関係に発生するものを割込み（interrupt）または外部割込み（external interrupt）と呼び，プログラム実行に関連して起こるものを例外（exception），トラップ（trap）あるいは内部割込み（internal interrupt），プログラムチェック割込み（program check interrupt）などと呼ぶ．

B. 割込みの原因

割込みの原因を表 4.2 に示す．割込みの原因は入出力動作に伴うものが最も多く，よく使われる．電源の異常などは，システムダウンの原因となる割込みで，プログラムも動作しなくなる異常状態に陥るものである．

表 4.2　割込みの原因

原因	内容
入出力	入出力動作の終了，誤動作，エラー終了など
外部	オペレータからの動作要求，タイムアウト，タイマ，再起動要求など
マシンチェック	ハードウェアが原因となるエラー（装置の動作エラー，メモリエラー，電源異常など）
プログラムチェック	仮想記憶関係（ページフォールトなど） メモリ保護違反（読み書き，実行の許可違反） 特権命令違反，不正命令違反など 演算の異常（0除算，オーバフローなど） プログラムで故意に起こす例外（SVC: supervisor call やシステムコール: system call）

C. 割込みレベル

割込みの発生と同時に割込みレジスタに割込み原因ごとにフラグとして設定される（図 4.16）。割込み処理の優先順位（プライオリティ）を割込みレベルといい，システムに重大な障害を与える割込み原因が最も優先順位が高く設定される。割込み検知機構では，例えば 16 ビットの割込みレジスタは優先順位に従い 4 ビットにエンコードされ，割込み処理で割込み特定に使用される。4 ビットの信号は 0000 で割込みなしを，0000 以外で割込みありを CPU に知らせる 1 ビットの割込み信号となる。

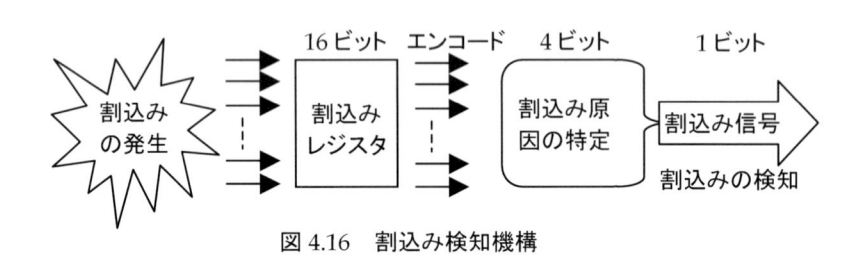

図 4.16 割込み検知機構

4.4.2 割込み処理

割込みは入出力処理に伴い発生することが多く，命令実行制御ユニットでは，通常は実行命令の終了時点で割込み信号により割込みの有無を毎回確認する。割込みが発生すると現在実行中のプログラム（命令）を中断して，割込み処理機構（処理ルーチン）に飛び，割込み処理を行う。割込み処理が終了すると命令実行シーケンスに戻り，割込み状態から処理を再開続行する。プログラムチェック割込み，マシンチェック割込みなどでは，命令実行中に実行中の命令を中断して割込み状態に移る。ハードウェア障害によるマシンチェック割込みでは元の状態に戻れないこともある。

A. 割込み処理機構

割込み処理機構（処理ルーチン）では命令実行の切れ目で割込みが発生しているかどうかの判定を毎回行う（図 4.17）。

(1) 割込みの発生がなければ命令実行を続行する。

(2) 割込みの発生が検知された場合は，割込み禁止状態かどうかを調べ，
　　① 割込み禁止状態の場合は割込みを無視して命令実行を続行する
　　② 割込み禁止状態でなければ割込み処理を行い，中断した命令シーケンスを再開する

処理により命令の実行を継続する。

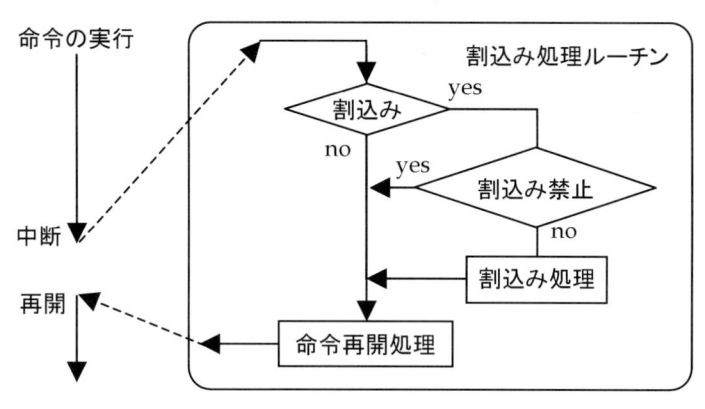

図 4.17　割込み処理機構

B. 再開処理の流れ

割込み処理発生時にその時のレジスタやシステムの状態を退避して，命令再開時に元の状態に戻れるようにする。システムの状態は PSW（program status word）と呼ばれる専用レジスタを使う（図 4.18）。

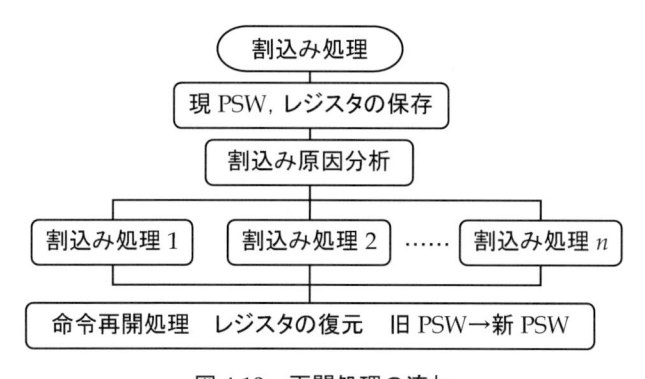

図 4.18　再開処理の流れ

まとめ

● コンピュータは命令を連続して実行することにより動く。命令の実行は，命令の取出しからオペランドの読出し，演算の実行，結果の格納作業が連続して制御される。

● 命令制御の方式には，ワイヤードロジック方式とマイクロプログラム方式がある。それぞれに短所，長所があり，目的によってどちらかの方式を選択する。

演習問題

【4-1】 m 個の同一処理（例えば m 個の同一命令）でパイプライン処理しないときの処理時間が Si であった。同じ命令を n ステージのパイプラインを用いて実行するときの処理時間を Sp とするとき次の問いに答えよ。計算式も示せ。
① パイプラインあるなしの速度向上比 T を求めよ。
② パイプライン処理しないときの平均命令実行時間 Ti を求めよ。
③ パイプライン処理したときの平均命令実行時間 Tp を求めよ。

【4-2】 主記憶のアクセスタイムが 500 ns，キャッシュのアクセスタイムが 10 ns，キャッシュのヒット率が 95 % としたときの平均アクセスタイムを求めよ。

【4-3】 主記憶のアクセスタイムが 100 ns，キャッシュのアクセスタイムが 20 ns の平均アクセスタイムを 25 ns 以下としたい。最低限必要なキャッシュのヒット率（%）を求めよ。

第 5 章
演算アーキテクチャ

本章の内容

5.1 演算の基本
 5.1.1 演算装置の基本構成
 5.1.2 演算の基本
5.2 演算アルゴリズム
 5.2.1 加減算
 5.2.2 乗除算
 5.2.3 浮動小数点演算
まとめ
演習問題

　この章では，演算の基本と加減乗除算のアルゴリズムを述べる。主として，加減算では，コンピュータの中では，どのような方式で実行されるのか，乗除算は，簡単なアルゴリズムを述べる。コンピュータアーキテクトは，コンピュータの使用目的に合わせて，演算アルゴリズムの選択をしなければならない。

5.1 演算の基本

5.1.1 演算装置の基本構成

演算装置(演算ユニット)は与えられた情報に対してデータ処理を行う。処理の対象となるデータは，算術データと論理データの表現形式で表される。演算ユニットはALU（算術論理演算装置：arithmetic and logic unit）とレジスタ（register），演算制御信号から構成される（図5.1）。

ALUは，入力レジスタ（AR，BR）からのデータを処理して，結果のデータを出力レジスタ（CR）に，結果の状態をコンディションコード（CC）として残す。そのほか，汎用レジスタ（GR）などのレジスタ群を持ち，演算の途中結果を一時格納する。ALU動作の指示（ALU制御）はマイクロ命令で行われる。

演算ユニットで処理されるデータはシステムバス（またはCPUバスという場合もある）経由でメモリやレジスタから送られる。

そのほか，高速化のため，シフト動作を専用に行うシフタ，乗除算のみ専用に行う乗除算プロセッサ，浮動小数点演算処理専用の浮動小数点演算プロセッサなどが付加されることもある。

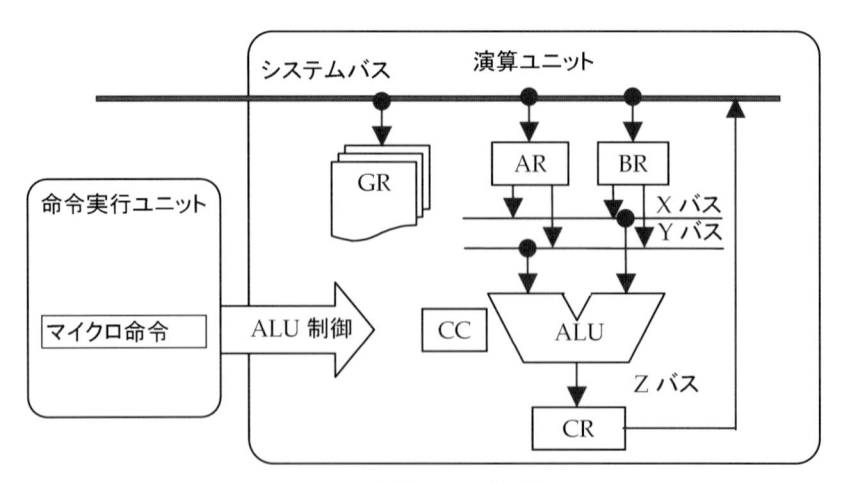

図5.1　演算ユニット構成例

A. 算術論理演算装置（ALU：arithmetic and logic unit）

ALUは算術演算（加減乗除算）と論理演算（AND, OR, EORなど），大小比較，一致／不一致，シフト機能などをサポートする。算術演算では2進数や10進数を直接実行する場合もある。

演算の対称となるデータ形式には，固定小数点，浮動小数点，整数，分数，（符号＋絶対値），2の補数などがある。

ALUは通常は二つの入力バス（図5.1の例では，XバスとYバス）と一つの出力バス（Zバス）があり，これらのバスを経由して各種レジスタやメモリとのデータ転送を行う。

B. 演算制御の実現

ALUの制御は，演算の機能（function）を指定する方法で行われる。加算／減算機能，AND/OR論理演算機能など比較的基本的なものは純ハードウェアで実現して，乗算／除算機能，バイトシフト機能など複雑な機能はマイクロプログラムで実現する。

C. 演算プロセッサ

高速化のため演算機能の一部をプロセッサとして独立させ実現する方法がある。浮動小数点プロセッサ，高速乗算プロセッサ，ベクトル処理プロセッサなどがある。専用演算プロセッサの中には，演算ユニットの機能を一部使用するものもある。

D. レジスタ群

演算ユニットには，CPUで使用する各種レジスタが存在する。汎用レジスタは，命令で指定して演算に利用する場合や指標レジスタとしてアドレス計算に利用する場合もある。演算の途中経過を一時的に格納するテンポラリレジスタ（ワークレジスタともいう）や，マイクロプログラムが割込み処理やサブルーチンジャンプで使用するワークレジスタ類（レジスタウィンドウ）も演算ユニットに持たせる構成をとる場合がある。

E. 性能評価

命令の実行性能を決める一つの要因が演算性能である。ALU の最も処理時間のかかる演算経路（クリティカルパスという）が CPU のクロックサイクルの決定に影響を与える場合がある。演算アルゴリズムの良し悪しは，命令実行結果の評価として現れてくる。

5.1.2 演算の基本
A. 2進数の演算

コンピュータは 2 進数で演算を行う。2 進数では，加減算の基本は加算で，数字 1 と 0 のみを扱う。減算は補数を加えることにより行う。演算の組合せは (0+0), (0+1), (1+0), (1+1) の 4 種類で，加算 (1+1) の結果，桁上げが発生する。

```
    0       0       1           1
 +  0    +  1    +  0        +  1
 ───────────────────────────────────
    0       1       1    桁上げ 1  0
```

(1) 補数

2 進数演算では，1 の補数，2 の補数を使う。負の数は補数で表現し，減算（引き算）は，2 の補数を加えることで行う。

```
        2 の補数の求め方
 1 の補数＋1→各ビットの 1 と 0 を反転させ, 1 を加える
```

```
        補数で負の数を表す
```

```
        引き算は, 2 の補数を加える
```

（2） 正の数，負の数

符号付き2進数の表現では符号ビットも含めて考える。正の数と負の数の変換方法は2の補数をとる。

> 符号ビットが0は正の数

> 符号ビットが1は負の数

> 正の数 ⇔ 2の補数 ⇔ 負の数

B. 加算の基本

絶対値（符号なし）の加算では，（正の数＋正の数）の組合せのみであるが，符号付きの数どうしの加算では，

（正の数＋正の数＝正の数）
（正の数＋負の数＝正の数，負の数）
（負の数＋正の数＝正の数，負の数）
（負の数＋負の数＝負の数）

の組合せがある。

2進数演算では，演算処理時間を速くするため負の数は絶対値に変換しないで符号ビットも含めて補数の加算を行う方式としているので，加算では，符号ビットも含めて単純に各ビットを加えればよい。負の数の加算では，演算結果の桁上げ状態により正，負が決まる。

> 加算の手順
> 桁合せを行い，各ビットを加える。桁合せのときは符号ビットを拡張する

例題5–1

2進数011と1101の加算を行う。

解答

問題に正の数，負の数の指定がない場合は，符号なしの絶対値と考える。1101 は符号ビットが 0 の正の数 01101 と考える。10 進数では 13 である。答えは 10000 となる。

<table>
<tr><td colspan="2" align="center">絶対値の加算</td><td colspan="2" align="center">負の数と考える（参考）</td></tr>
<tr><td>2 進数</td><td>10 進数</td><td>2 進数</td><td>10 進数</td></tr>
<tr><td>00011</td><td>(3)</td><td>0011</td><td>(3)</td></tr>
<tr><td>＋) 01101</td><td>(13)</td><td>1101</td><td>(−3)</td></tr>
<tr><td>10000</td><td>(16)</td><td>10000</td><td>(0)</td></tr>
</table>

参考用に 1101 を補数表現された負の数と考えると最上位 2^3 桁のビットは符号ビット 1 で 10 進数では，−3 である。演算結果は 10000 となる。

減算では 2^4 桁は桁上げビットで無視できるため 10 進数では，結果が 16 と −3 で異なるが，2 進数では，絶対値で考えるとどちらも同じ 10000 となる。

C. 減算の基本

2 進数の減算処理では，符号付き補数を加算する方法をとる。演算結果の桁上げ状態により正，負が決まる。

```
────────────────── 減算の手順 ──────────────────
符号ビットを拡張して桁合せを行い，2 の補数を加える
符号付きの二つの 2 進数をそれぞれ，A，B とする
①演算結果に桁上げがある場合は，結果は正の数であり，桁上げを
  無視した数が求める 2 進数である
②演算結果に桁上げがない場合は，結果は負の数であり，補数で表
  現される。絶対値は，再度補数をとることにより求まる

    ┌─────────────────┐    ┌──────────────┐
    │           ・    │    │   演算結果    │
    │  A−B＝A＋(B＋1) │    │ 桁上げあり 正の数│
    │      ・         │    │ 桁上げなし 負の数│
    │  B は 1 の補数を表す│    │              │
    └─────────────────┘    └──────────────┘
```

符号付きの数どうしの減算では，
 (正の数－正の数＝正の数，負の数) ＝ (正の数＋負の数)
 (正の数－負の数＝正の数) ＝ (正の数＋正の数)
 (負の数－正の数＝負の数) ＝ (負の数＋負の数)
 (負の数－負の数＝正の数，負の数) ＝ (負の数＋正の数)
の組合せがある．減算は，符号付加算と同じ処理で実現できる．

例題 5－2
正の 2 進数 1000 と 11 の減算を行う．

解答
0011 の 2 の補数を加え，桁上げを無視する．答えは 0101 となる．

絶対値の減算		→	2 の補数の加算を行う	
2 進数	10 進数		2 進数	10 進数
1000	(8)		1000	(8)
－) 0011	(3)	→2 の補数	＋) 1101	(－3)
		桁上げを無視する ⇒	~~1~~0101	(5)

D. 乗算の基本
加算の繰返しで行う．基本は
 $0 \times 0 = 0$, $0 \times 1 = 0$, $1 \times 0 = 0$, $1 \times 1 = 1$
である．1 ビットシフトすると 2 倍，n ビットシフトすると 2^n 倍となる性質が応用できる．n ビット×n ビットの結果は $n+n=2n$ ビットになるため，結果を格納するレジスタが 2 個 (2 倍長) 必要となる．

符号付きの数どうしの乗算では，
 (正の数×正の数) または (負の数×負の数) ＝ (正の数)
 (正の数×負の数) または (負の数×正の数) ＝ (負の数)
の組合せがある．

例題 5－3
2 進数 10 と 11 の乗算を行う．

解答

問題に正の数，負の数の指定がない場合は，符号なしの絶対値と考える。10 は符号ビットが 0 の正の数 010 と考える。10 進数では 2 である。

答えは 0110 となる。

```
      絶対値の乗算
       2 進数      10 進数
         10         (2)
      ×) 11         (3)
         ──         ──
         10    ←  10×1
      +) 100   ←  10×2    10 を左に 1 ビットシフト（2 倍）する
         ────       ──
         0110       (6)
```

E. 除算の基本

引き算の繰返しとなる。右に 1 ビットシフトすると，割る 2 が実現できる。高速化アルゴリズムが難しい。

F. シフト演算の基本

算術シフトと論理シフトがある。算術シフトは，最上位ビットを符号とみなし，符号を除く部分のデータをシフトする。論理シフトは，符号なしのデータとみなして，全ビットをシフトする。

G. ビット演算の基本

データビットの並びの中から特定ビットを検索（テストビットという），変更（チェインジビットという）するには，論理演算を利用する方法とハードウェアとの組合せで直接そのビットが 1 か 0 かを判定，変更する方法がある。論理演算で行う場合は，特定ビットを a，テストするビット列を $xxxa$ とすると，ビット a が 1 か 0 かを判定するには，0001 と論理積 AND をとって，結果が 1 か 0 かを判定する。a にビット 1 をセット（立てる）場合は，論理和 0001 を，a のビットをリセットする場合は，論理積 1110 をとる。

5.2 演算アルゴリズム

アルゴリズム（algorithm）は有限のステップで記述される問題に対する解法でフローチャート（流れ図）で表現される。ALU は標準回路としてサポートされ，また最近では演算の高速化手法も出尽くしてきている。

以後のアルゴリズムでは，二つの数を A，B とし，A と B の間で演算を行い，結果の数が C になるとする。A の符号（sign）ビットを As，B の符号ビットを Bs，結果 C の符号ビットを Cs，データの最上位からの桁上げを Ec とする。ALU の入力レジスタを AR，BR とし，AR を上位，BR を下位，A データが AR，B データが BR に設定され，演算の後，結果 C が出力レジスタ CR または AR，BR に戻されるとする。データのビット長は n とする。

以後のアルゴリズム説明で用いる演算データの流れを図 5.2 に示す。

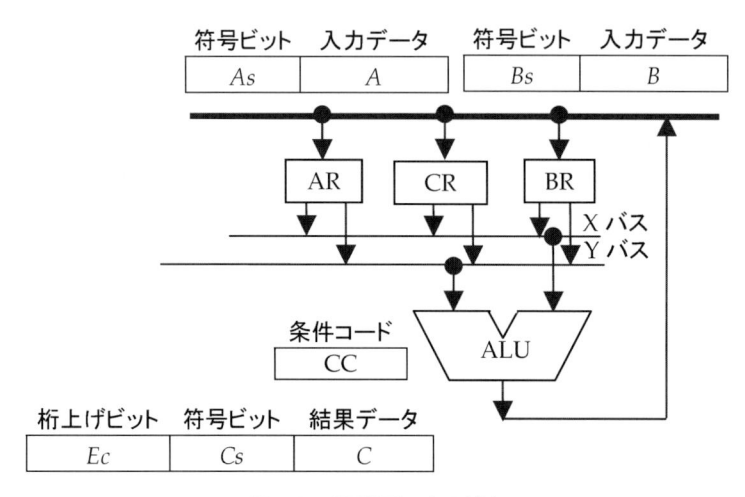

図 5.2　演算データの流れ

条件コード（コンディションコード：CC）は，演算結果の Ec と Cs の組合せで表され，例えば結果が正の数の場合は 00，負の数の場合は 01 に設定される。

5.2.1 加減算

減算は補数の加算であるから，加減と減算は符号付きで加えるという同じ処理を行う。加算ではそのまま，減算では加数 (addend) の補数をとって被加数 (augend) に加える。図 5.3 に加減算のデータ構成を示す。

二つの数を A, B とする。演算を記号で表すと，

$$(As, A) \pm (Bs, B) = (Cs, C), Ec$$

となる。A データ (As, A) と B データ (Bs, B) を演算（±）して，結果（=）が C データ[(Cs, C), Ec]となる。加減算の場合は，結果のビット長も同じ長さとなる。A, B, C データはおのおの AR, BR, CR に対応付けて演算処理される。

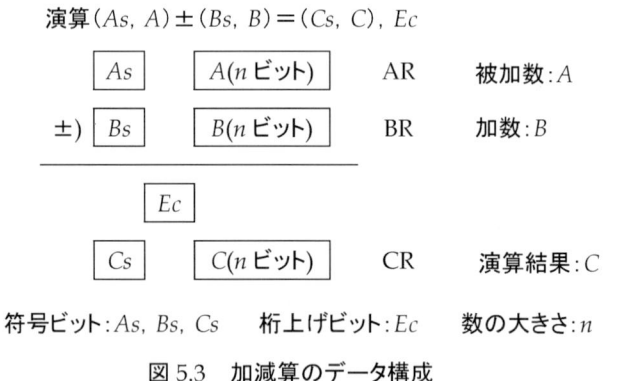

演算 $(As, A) \pm (Bs, B) = (Cs, C), Ec$

As	$A(n$ビット$)$	AR	被加数:A
±) Bs	$B(n$ビット$)$	BR	加数:B
	Ec		
Cs	$C(n$ビット$)$	CR	演算結果:C

符号ビット:As, Bs, Cs　　桁上げビット:Ec　　数の大きさ:n

図 5.3　加減算のデータ構成

A. 加算

加算の組合せは 2 種類ある。

(1) 正数＋正数または負数＋負数（両方の符号ビットが一致）

正数＋正数では，符号ビットは 0 であるから，

$$(0, A) + (0, B) = (Cs, C), Ec$$

で結果がオーバフローとなるときがある。データビットからの桁上げは符号ビットへ伝播されるため，結果の符合ビット（Cs）が，0 から 1 に反転するとオーバフローである。

負数＋負数は，符号ビットが 1 どうしの加算で，

$$(1, A) + (1, B) = (Cs, C), Ec$$

となり，正数＋正数と同じ処理となる．結果の符号ビット（Cs）が，1 から 0 に反転するとオーバフローである．

(2) 正数＋負数または負数＋正数（両方の符号ビットが不一致）

いずれも，減算と同じで，

$$(0, A) + (1, B) = (Cs, C) \text{ または,}$$
$$(1, A) + (0, B) = (Cs, C)$$

となる．オーバフローが発生することはない．

B. 減算

減算は 2 の補数を加える．減算の組合せは 2 種類ある．

(1) 正数－正数または負数－負数（両方の符号ビットが一致）

2 の補数を加えることから，負数を加えると同じ処理で，正数－正数＝正数＋（負数）または負数－負数＝負数＋（正数）となる．

$$(0, A) + (1, B) = (Cs, C) \text{ または,}$$
$$(1, A) + (0, B) = (Cs, C)$$

となる．オーバフローとなることはない．

演算結果の Ec ビットにより処理が異なる．$Ec=1$ の場合は，$A \geq B$ で演算結果が正しいが，$Ec=0$ の場合は，結果が 2 の補数を意味し，再度 2 の補数をとって，正しい値に変換する処理が必要である．

$A=B$ のとき，符号ビットに 1 が残る負の 0 状態を避けるため，符号ビットを 0 にする．

(2) 正数－負数または負数－正数（両方の符号ビットが不一致）

正数－負数＝正数＋正数または負数－正数＝負数＋（負数）となり，いずれも，加算と同じで，

$$(0, A) + (0, B) = (Cs, C), Ec \text{ または,}$$
$$(1, A) + (1, B) = (Cs, C), Ec$$

となり，オーバフローが発生することがある．

C. 加減算アルゴリズム

加算と減算は同じアルゴリズムで処理できる．

(1) 符号ビット込みで加減算を行う．

(2) 演算する両方のデータビットの符号により，加算または減算処理を行う．
- 加算では，符号ビットが同じなら加算処理を，異なる場合は減算処理を行う．
- 減算では，符号ビットが同じなら減算処理を，異なる場合は加算処理を行う．

(3) 加算処理はそのまま加え，減算処理は加数の2の補数を加える．

(4) 結果の処理を次のようにする．
- 加算の場合は，符号ビットへの桁上げをオーバフローとする（Ec ビット＝1）．
- 減算の場合は，Ec ビット＝1のときは，無視する．Ec ビット＝0のときは，再度2の補数をとる．

加減算アルゴリズム例を図5.4に示す．

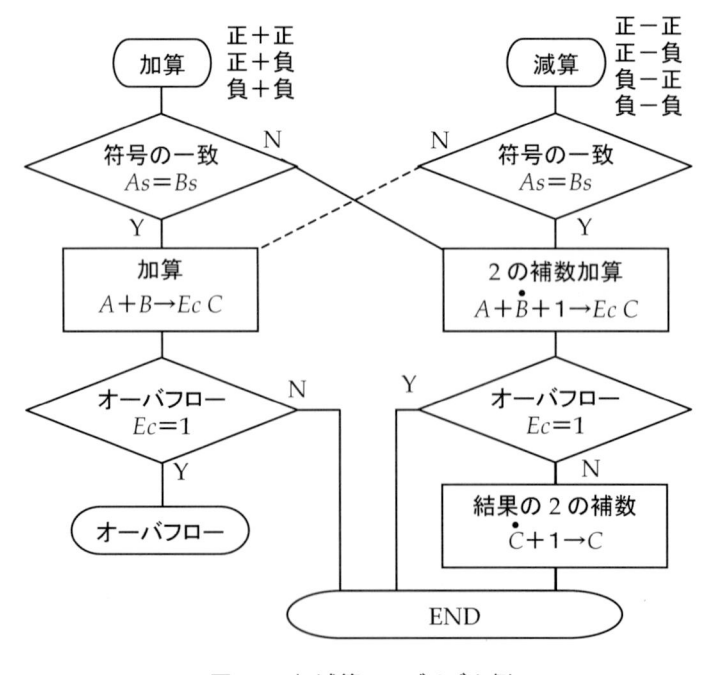

図5.4 加減算アルゴリズム例

5.2.2 乗除算
A. 乗算方式

乗算方式の基本は，加算の繰返し操作である．掛けるということは，2進数では 2 倍することであり，左へ 1 ビットシフトすることである．乗数のビットが 1 なら被乗数をそのままその桁に加え，0 ならなにもしないで左に 1 ビットシフトする．

(1) 繰り返し型

m ビット×n ビットの乗算は，結果が $m+n$ ビットとなり，演算利用するレジスタも最大 2 倍の大きさが必要となる．

例題 5-4

10 進数 45×57 の乗算を 2 進数で行う．

解答

乗数が 1 の場合は左に 1 ビットして前の結果に加え，乗数が 0 の場合はなにもしないで，左に 1 ビットする．これを繰り返すと答えが求まる．答えは 101000000101 で 10 進数では 2565 となる．

この例では，6 ビット×6 ビットで結果が 12 (6+6) ビットとなる．

```
            1 0 1 1 0 1           45
            1 1 1 0 0 1    (×  57
            1 0 1 1 0 1    (×1)
          0 0 0 0 0 0      (×00)
        0 0 0 0 0 0        (×000)
      1 0 1 1 0 1          (×1000)    左 3
    1 0 1 1 0 1            (×10000)   左 4
  1 0 1 1 0 1              (×100000)  左 5
  ─────────────────────
  1 0 1 0 0 0 0 0 0 1 0 1    答え 2565
```

二つの数を A, B とする．演算を記号で表すと，

$$(A_s, A) \times (B_s, B) = (C_s, C), Ec \qquad (5.1)$$

となる．

この式は，A データ（As, A）と B データ（Bs, B）を演算（×）して結果（＝）を C データ [（Cs, C）, Ec] に格納する処理を表している。

ところで乗算の場合は，同じビット幅のデータどうしの演算結果はビット幅が倍となる。結果データ C は A ビット＋B ビットの長さが必要となる。ここでは，CR，BR が連結されたレジスタの機能を持つとする。CR＋BR 同時にシフト可能と考えれば，結果は BR＋CR に格納されることになる。

CR と BR が連結して動作すると式（5.1）は

$$(As, A) \times (Bs, B) = (Cs, BC), Ec$$

となる。

乗算の場合の結果符号ビットは，
　　　正×正＝正
　　　正×負＝負
　　　負×負＝正
である。

繰返し法のアルゴリズム例を図 5.5 に示す。

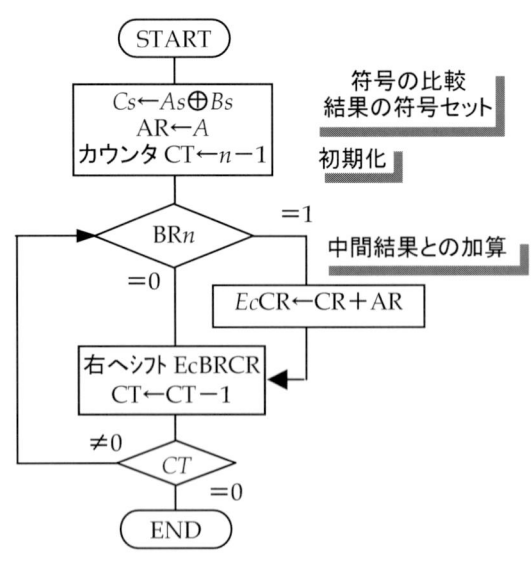

図 5.5　乗算アルゴリズム例

（2） ブースコーディング方式

乗算を高速に行うには，加算の回数を減らすブースコーディング方式がある。連続した1のビットに対して，1のビットの切れる一つ上のビットに対する部分積を加え，1のビットの始まる前のビットに対する部分積を減算する。

n から $m-1$ まで1が連続しているとすると n から $m-1$ に対応する $m-n$ 回部分積を加える。これを表すと次のようになる。

$$2^n + 2^{n+1} + \cdots + 2^{m-1} = 2^m - 2^n$$

このことは，m ビットに対する部分積を加えて n ビットに対応するものを減じても，同じ結果が得られることを意味している。

```
                    ブースコーディング例
ビット位置           m   m-1              n   n-1
乗数         ‥‥‥   0   1   1  ‥‥‥   1   1   0   ‥‥‥
                              ↓
変換後の乗数 ‥‥‥   1   0   0  ‥‥‥   0  -1   0   ‥‥‥
```

ブースコーディングでは，乗数の各桁について，すぐ下位のビットを調べ，ビットの変化があった場合は，-1 の重み付けをする（表5.1）。

表5.1　ブースコーディング

乗数ビット		コード化後のビット
n	$n-1$	n
0	0	0
0	1	1
1	0	-1
1	1	0

データの最下位ビットの下は0と考える。

例） 1001のデータに対するブースコーディングは

$\quad\quad$ $-1\ 0\ 1\ -1$

となる。

例題 5-5

01111×01111 をブースコーディングによる演算過程を示せ。

解答

01111 のブースコーディングは 1 0 0 0 −1 となる。

答えは，0011100001 となる。10 進数では，225 である。

								0	1	1	1	1
							×)	1	0	0	0	−1
				1	1	1	1	1	1	0	0	0	1
					0	0	0	0	0	0	0	0
				0	0	0	0	0	0	0	0	
				0	0	0	0	0	0	0		
桁上げは無視 ↓			0	0	1	1	1	1				
			1	0	0	1	1	1	0	0	0	1

(3) 高速乗算方式

① ビットペアコーディング（改良ブースコーディング）

2 ビット単位の乗数コーディングを行う。

② 桁上げ保存加算器（carry-save adder）の使用

3 組の 2 進入力から，2 組の進数出力する加算器を使い，各桁の桁上げ信号を次の桁へ伝搬させない方法で高速化を図る。

B. 除算方式

除算は引戻し法（restoring method）といって，引き算をして，引ける場合は商をたてて次へ進むが，もし引けない場合は，引いた値をもう一度加えて元に戻しながら続行しなければならず，時間がかかる。また，高速化のアルゴリズムとして，引放し法（non-restoring method）などがあるが，乗算と比べて効果が得られない。

除算は被除数（dividend）を除数（division）で引き算を行い，結果が正なら商（quotient）をたて，結果が負なら商に 0 をたてて，引いた値を再度加えた後，同様の手順を繰り返す。

引き算は，減算と同じく 2 の補数を加える方法で行われる。

5.2.3 浮動小数点演算
A. 加減算

浮動小数点加減算では，小数点の位置を合わせる。大きい指数に方向を合わせる。二つの正規化された仮数を加えると，仮数あふれが生じる場合がある。この場合は，和を右に1ビットシフトして指数に1を加え修正する。仮数の減算で仮数のMSBが0になる仮数下位あふれが生じた場合は，結果を左に1ビットシフトして，そのシフト分だけ指数を減ずる。仮数の加減算は固定小数点と同じである。

図 5.6 に手順例を示す。

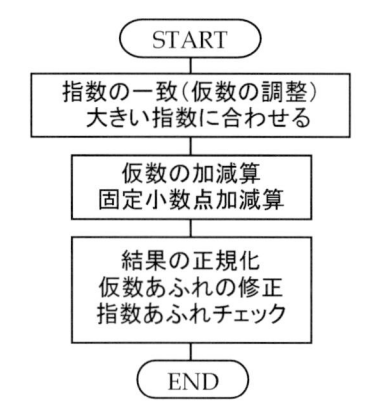

図 5.6 浮動小数点加減算の手順例

B. 浮動小数点乗除算

浮動小数点乗除算では仮数の整合をとる必要はない。乗算では，二つの仮数の乗算と指数の和をとればよく，除算では二つの仮数の除算と指数の差をとればよい。指数の加減算，仮数の乗除算は固定小数点の乗除算を使用する。

乗算の例を図 5.7 に示す。

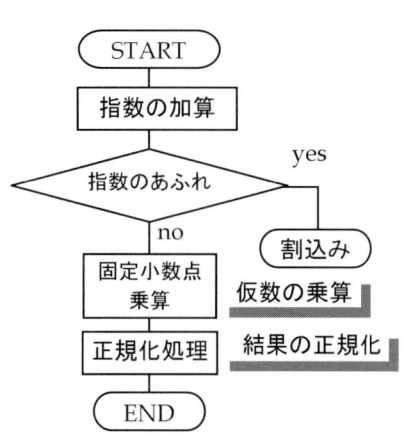

図 5.7 浮動小数点乗算アルゴリズム例

まとめ

- 演算の基本は2進数の加算で，減算も2の補数を加える操作で実行される。乗算の基本は加算の繰返しで，除算の基本は，減算の繰り返しで実行される。

- 演算は通常は ALU で行われるが，高速演算が必要な場合は，特別に演算専用のプロセッサを持つことがある。

演習問題

【5-1】 1100011×1011010 のブースコーディングによる乗算過程を示せ。ただし，おのおのは正の2進数とする。

【5-2】 次の2進数 A，Bに対して（1）A＋B，（2）A－Bの演算過程を示せ。ただし，最上位（MSB）は符号とし負数は2の補数表現とする。
(1) A＋B　A　11000　　B　011111
(2) A－B　A　011111　　B　11000

【5-3】 16進数表現で 9A の符号付き8ビットのデータを右に3ビット算術シフトした結果を16進数で表せ。

【5-4】 16進数小数 1B.1＋21.3 の演算過程を示し，結果を2進小数で表せ。

第 6 章
メモリアーキテクチャ

* 本章の内容 *

6.1 記憶階層
 6.1.1 記憶装置
 6.1.2 記憶階層
 6.1.3 主記憶
6.2 仮想記憶
 6.2.1 仮想記憶とは
 6.2.2 アドレス空間とメモリ空間
 6.2.3 ページングによる仮想記憶方式
6.3 高速化手法
 6.3.1 インタリーブ方式
 6.3.2 ディスクキャッシュ方式
 6.3.3 キャッシュメモリ方式
 6.3.4 入替えアルゴリズム
 まとめ
 演習問題

この章では，主記憶，補助記憶の記憶階層，仮想記憶とキャッシュ，インタリーブなどのメモリの高速化手法について述べる。

6.1 記憶階層

6.1.1 記憶装置

A. 記憶装置の基本構成

記憶装置は，主記憶，補助記憶で構成される。主記憶は実行するプログラム，データを記憶し，内部記憶とも呼ばれる。CPUからの直接制御の対象と位置付けられ，高速メモリ素子で構成され，価格も高いため実装できる容量に制限が出てくる。そのため，低価格で大容量の補助記憶を主記憶に接続して，必要に応じて主記憶に読込み命令を実行する。補助記憶のアクセスには，入出力動作を伴うため外部記憶とも呼ばれる（図6.1）。

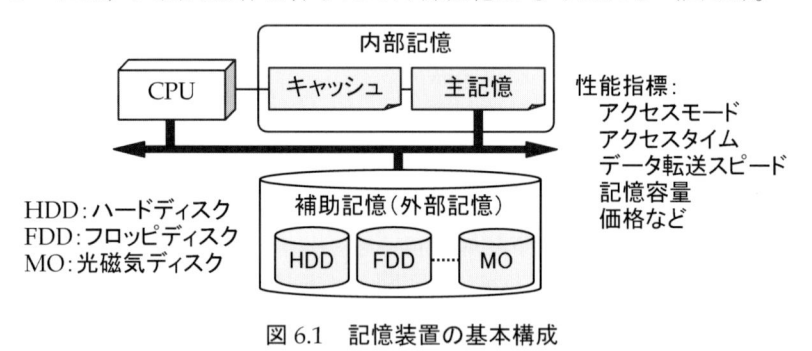

図6.1 記憶装置の基本構成

B. 性能指標

記憶装置の特性は，速度と容量で決まる。主記憶の速度は記憶素子のアクセスタイムに依存する。補助記憶は，使用している記憶媒体のアクセスタイム，アクセスモードと入出力動作に伴うデータ転送スピードが影響を与える。例えば，ハードディスクでは，データアクセスにディスクの回転待ち時間が関係してくるため，ランダムアクセスモードとシーケンシャルアクセスモードでは，データアクセスの速度に大きな違いが発生する。

コンピュータへの実装では物理的な大きさの制限から実装できる容量に限界が生じる。一般的に，速度の速い記憶媒体は価格も高くなる。コンピュータアーキテクトは速度と容量，価格のトレードオフを図り，コンピュータアーキテクチャの設計を行う。

6.1.2 記憶階層

速度が速い記憶装置は，容量が小さく価格も高い。速度が低い記憶装置は，容量が大きく価格も安い傾向にある。メモリアーキテクチャでは，異なる特性の記憶装置を組み合わせて，システム全体の性能向上を図る記憶装置として記憶階層（memory hierarchy）を構成している（図6.2）。

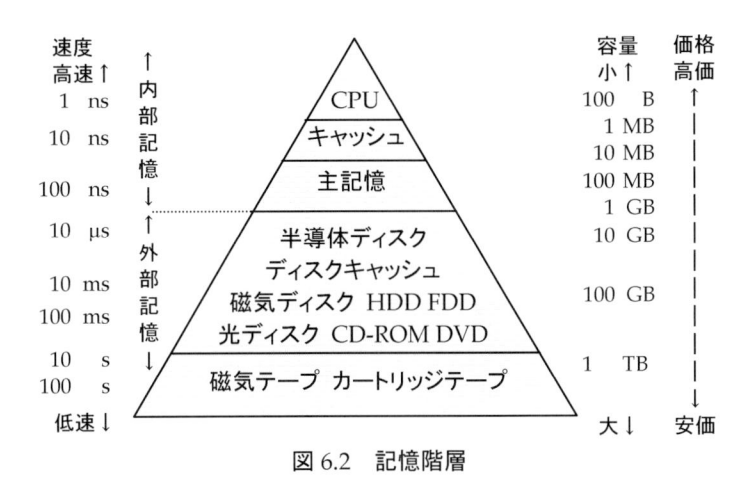

```
速度                                          容量    価格
高速↑   ↑                                     小↑    高価
        内
  1 ns  部           ┌─────┐                 100 B    │
        記           │ CPU │                          │
 10 ns  憶           ├─────┤                  1 MB    │
        │          │キャッシュ│                10 MB    │
100 ns  ↓         ├───────┤               100 MB    │
        ┄┄┄        │  主記憶  │                1 GB    │
 10 μs  ↑       ├─────────┤              10 GB    │
        外       │ 半導体ディスク  │                       │
        部       │ ディスクキャッシュ │                       │
 10 ms  記      │磁気ディスク HDD FDD │            100 GB    │
100 ms  憶     │光ディスク CD-ROM DVD│                      │
        │    ├───────────────┤                  │
 10 s    ↓   │磁気テープ カートリッジテープ│         1 TB     │
100 s        └───────────────┘                  ↓
低速↓                                          大↓    安価
```

図6.2　記憶階層

CPUは，演算や制御に使用するレジスタやスタックメモリ，キャッシュメモリ，マイクロプログラムメモリなど高速，小容量，高価格のレジスタ類から構成されている。これらの高速メモリは，CPUクロックと同期して動作する必要があり，マイクロプロセッサに内蔵されるものもある。

主記憶の速度はCPUの速度に比べて遅く速度差（ギャップ）が発生する。この穴埋めを行うのが，キャッシュメモリである。

CPU外部には，入出力装置として接続される多種多様の補助記憶装置が接続される。これらは，主記憶と比較して速度的に遅いが，大容量でビットあたりの価格が安いのが特徴である。

OSなどのシステムプログラムやデータを格納するハードディスクは，システムディスクと呼ばれ，仮想記憶としての役目も担っている。

外部記憶は，携帯性に優れていることにも特徴があり，半導体記憶媒体を使ったICメモリやICカードなどの利用がフロッピディスク（FDD）の代替品として増加してきている。

A. 局所性の法則　(principle of locality)

プログラムの動作やデータの参照は，記憶領域の限られた範囲に限定される性質を持っている。この局所性には，時間的な側面と空間的な側面がある。

(1) 時間的局所性（locality in time）

ある時刻に参照された記憶領域は，近い将来に再度参照される確率が高くなるという性質である。構造化プログラミングのループ文や配列プログラムなど，多くのプログラムが持っている性質である。

(2) 空間的局所性（locality in space）

ある記憶領域が参照されると，次にその前後の記憶領域が参照される確率が高くなる性質がある。

B. 記憶階層構成の背景

ソフトウェア，OS は大容量のメモリを必要としてきている。システムの高性能化にはメモリを高速化する必要があるが，小規模では高速であっても価格が高く，また大容量化すると速度が低下してくる。メモリを階層化する背景には，プログラムの局所性を考えるとすべてのメモリを高速化，大容量化する必要がなく，CPU に近いメモリのみを小容量で高速なメモリを使うことによりシステム性能を向上することが可能となる（図 6.3）。

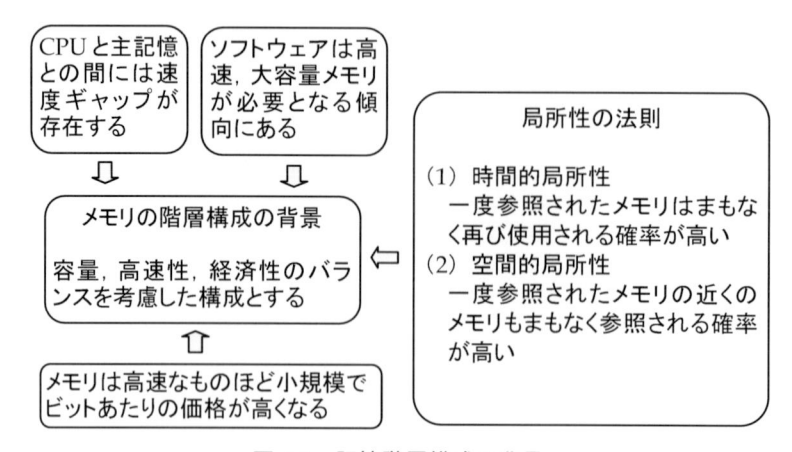

図 6.3　記憶階層構成の背景

6.1.3 主記憶
A. 基本構成

主記憶（主メモリ）はメモリモジュールとデータの参照アドレス（番地）を指定するメモリアドレスレジスタ（MAR：memory address register），参照したデータを一時格納するメモリデータレジスタ（MDR：memory data register）から構成される。命令の実行時は CPU からのアクセスを，I/O 処理ではチャネルや入出力制御装置からのアクセスを受け付ける。メモリアドレスは通常はバイトアドレスで表す。メモリモジュールはメモリカードに実装される。図 6.4 に主記憶の基本構成を示す。

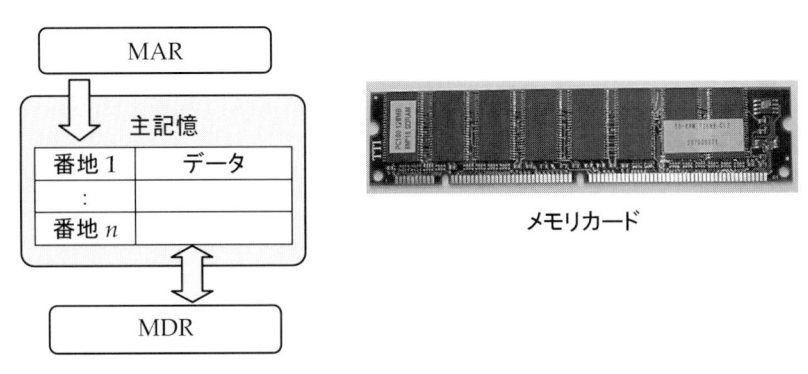

図 6.4 主記憶の基本構成

B. メモリ素子

1975 年頃まではコアメモリ（core memory）が全盛であった。コアメモリは磁性体であるため停電によっても内容は消去しない特徴があったが，半導体による主記憶装置よりも速度が 1 桁以上遅いため，ほとんど使用されなくなった。

半導体メモリには，フリップフロップ（flip-flop）による情報の記憶を行う SRAM（static random access memory）とコンデンサの電荷による情報の記憶を行う DRAM（dynamic RAM）がある。SRAM は，高速，高価格のため，CPU の汎用レジスタやベクトルレジスタ，スーパコンピュータの主記憶などで使用される。DRAM は，一定期間ごとに電荷をチャージする必要があるが，大容量，低価格のため現在は，パソコン，ワークステ

ーションなど多くのコンピュータでCMOS系のDRAMが主流となって使用されている。

C. データ形式

記憶装置で取り扱うデータ形式には，バイト，半語，語，倍語などがある。通常メモリでは，バイトアドレスを使用し，扱うデータもバイトが基本である。半語は2B（2バイト），語は4B，倍語は8Bと表す。

D. RASとCAS

主記憶の内部構造はメモリ素子が格子上に配列されている。DRAMのアクセスアドレスを多重化して，アクセスを行と列に分けて，おのおのに対して，アクセスタイミング（ストローブ）を指定する方法を採る。行アクセスのタイミングを与えるストローブ信号を行アクセスストローブ（RAS: row access strobe），列アクセスのタイミングは列アクセスストローブ（CAS: column access strobe）で与える（図6.5）。

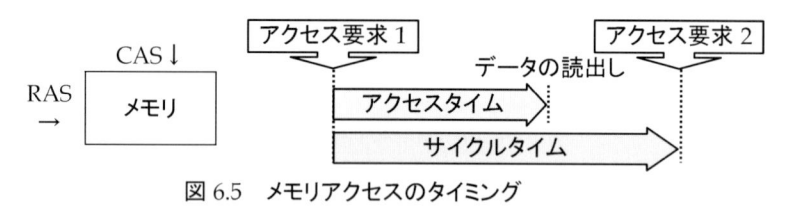

図6.5 メモリアクセスのタイミング

E. 主記憶の性能

主記憶の性能は，速度と読出し幅で決まる。

速度に関しては，**アクセスタイム**（access time）と**サイクルタイム**（cycle time）の二つの要素がある。アクセスタイムは読出しの要求が出てからデータが到着するまでの時間で，サイクルタイムは，連続してアクセスするときの最小時間間隔で表され，書込み時は，書込みサイクルの終了までの時間となる（図6.5）。

一度に読み出すことのできるデータの幅（ビット幅：MDRの幅）も性能に関係してくる。主記憶には，プログラムとデータが格納されていて，通常のプログラム実行では，プログラムとデータの読出し頻度は書込み頻

度に比べて多くなる．データの読出し幅を拡大すれば，単位時間に読み出せるメモリバンド幅も増大する．通常，データ幅は CPU のシステムバス幅に合わせるが，高速化のため 2 倍に拡張する構成もある．

F. 記憶容量の表現方法

データの大きさはビット，バイト，ワードなどで表される．記憶容量は，通常バイト（B）で表現されることが多い．例えば 1000 バイト＝1 KB，1000 KB＝1 MB，1000 MB＝1 GB などである．

記憶容量の表現方法は，簡略形を用いるので注意が必要である．アドレスビットが n ビットのとき 0 番地から 2^n-1 番地までのアドレスを指定でき，記憶容量は 2^n の大きさとなる．例えばアドレスビットが 16 ビットの場合，0000000000000000～1111111111111111 すなわち 0 番地から 65535 番地までのアドレスを指定できる．このとき，記憶容量は 65536 となる．アドレスの単位がバイトの場合は，実質 65536 B (65.536 KB) となるが，1000 バイト以上は簡易的に 1 KB と略して用い，64 KB と表現する（表 6.1）．

表 6.1 記憶容量の簡易表現方法（単位がバイトの場合）

| アドレス(n) | | 容量(B) | 簡易 | アドレス(n) | | 容量(B) | 簡易 |
n	2^n			n	2^n		
0	2^0	1	1	16	2^{16}	65,536	64 K
1	2^1	2	2	17	2^{17}	131,072	128 K
2	2^2	4	4	18	2^{18}	262,144	256 K
3	2^3	8	8	19	2^{19}	524,288	512 K
4	2^4	16	16	20	2^{20}	1,048,576	1 M
5	2^5	32	32	21	2^{21}	2,097,152	2 M
6	2^6	64	64	22	2^{22}	4,194,304	4 M
7	2^7	128	128	23	2^{23}	8,388,608	8 M
8	2^8	256	256	24	2^{24}	16,777,216	16 M
9	2^9	512	512	25	2^{25}	33,554,432	32 M
10	2^{10}	1,024	1 K	26	2^{26}	67,108,864	64 M
11	2^{11}	2,048	2 K	27	2^{27}	134,217,728	128 M
12	2^{12}	4,096	4 K	28	2^{28}	268,435,456	256 M
13	2^{13}	8,192	8 K	29	2^{29}	536,870,912	512 M
14	2^{14}	16,384	16 K	30	2^{30}	1,073,741,824	1 G
15	2^{15}	32,768	32 K	31	2^{31}	2,147,483,648	2 G
				:	:	:	:

G. 連想記憶（associative memory）

連想記憶は格納された情報の内容によりアドレスされるメモリで，コンテントアドレッサブルメモリ（content addressable memory）とも呼ばれる。IBM の汎用コンピュータをはじめ，仮想記憶方式のコンピュータでのアドレス写像テーブル（6.2 節 仮想記憶参照）などで使用される。

> 記憶した情報内容によって呼び出すことのできる特殊な記憶装置で，アドレスに関係なく，与えられたビットの組合せと一致する情報を記憶したアドレスを速やかに知ることができる。

一般的な構成を図 6.6 に示す。比較データに比較対象となる項目があり，連想記憶の各データと比較される。一致した場合は，一致情報（通常はビットに 1 をセット）をセットして，内容を読み出す。連想記憶の内容は通常二つのエントリからなる。一つは内容を表す項目で，比較されるデータ，もう一つは一致する項目に対応した記憶領域のアドレス情報である。

図 6.6 のエントリ例では，「Yamada」で連想記憶の内容と比較検索して一致した場合は，その内容「1000」を読み出している。

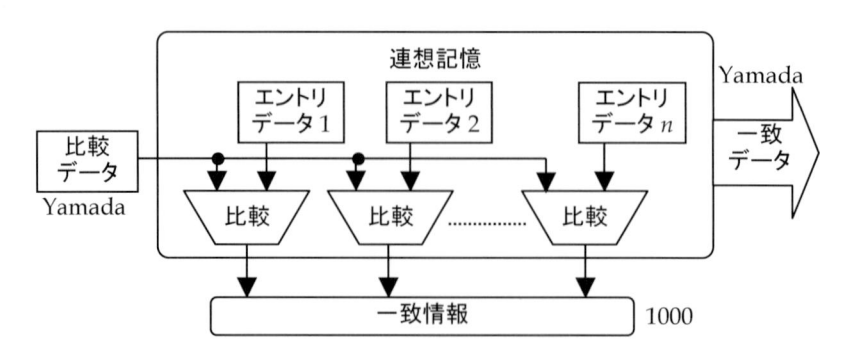

連想記憶のエントリ例

Yamada	1000	Tanishi	100	Haneka	35
Tanaka	200	Andou	420	Endou	222
Satou	15	Ban	315	Saitou	99

図 6.6 連想記憶の構成

6.2 仮想記憶

6.2.1 仮想記憶とは

補助記憶装置のメモリを利用して，主記憶の容量以上の論理空間を提供する方式である．主記憶に入りきれないプログラムやデータを補助記憶装置上におき，必要時に主記憶に読み込んで使用する．

> 仮想記憶方式:大規模な記憶空間を持っているかのような錯覚を
> プログラムに与える手法

プログラムが主記憶のある場所を一度参照すると，その近傍は近い将来再び参照される可能性が高いという局所性から，プログラムのアドレス空間を一度に全部主記憶にロードする必要がなく，仮想記憶方式には，妥当性があるといえる．

6.2.2 アドレス空間とメモリ空間

仮想記憶や記憶装置のアクセスにはアドレスが使用されるが，これらアドレスでアクセス可能な領域を空間と呼び，次のような種類がある．

> 物理空間:主記憶装置上の物理的な記憶空間　実空間　メモリ空間
> 物理アドレス:主記憶のアドレス　実アドレス　絶対アドレス

> 仮想空間:補助記憶装置上の仮想的な記憶空間
> 仮想アドレス:プログラム実行時の仮想記憶方式のアドレス

> 論理空間:プログラマからみた記憶空間
> 論理アドレス:プログラムで用いられる論理的なアドレス
> 　　　　　　通常は仮想アドレスと同じ

仮想空間をアドレス空間，物理空間を実空間，メモリ空間とも呼ぶ．仮想空間は物理空間に比べて大きい．

6.2.3 ページングによる仮想記憶方式

分割した仮想空間の大きさの単位を**ページ**，メモリ空間の大きさを**ブロック**と呼ぶ。仮想アドレスから物理（メモリ）アドレスへの変換を**アドレス変換**（address translation），または，写像（メモリマッピング：memory mapping）とも呼ぶ（図6.7）。アドレス変換の単位は仮想空間のページ単位から主記憶のブロック単位に行われ，通常は効率を考えて，ページとブロックの大きさを同じにする。

ページアドレスをブロックアドレスに変換するテーブルをアドレス変換テーブルまたは，マッピング（写像）テーブルという。

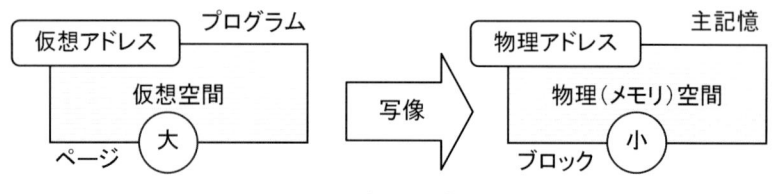

図 6.7　アドレス写像の単位

仮想空間の1ページの大きさが4KBで，16ページのアドレス空間から8ブロック32KBのメモリ空間へのページ割当て例を図6.8に示す。アドレス空間のページはメモリ空間の使用されていない空きブロック領域に割り当てられる。

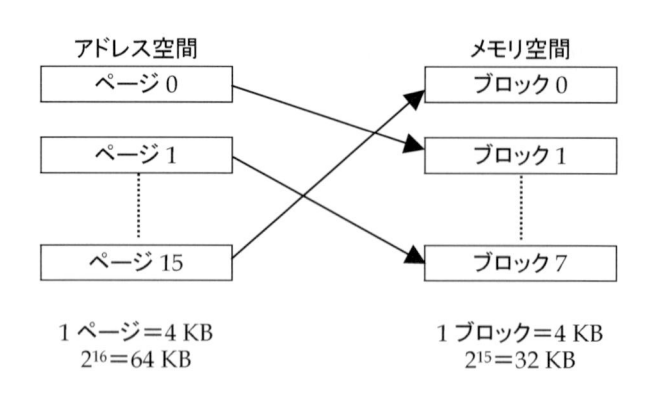

1ページ＝4KB
2^{16}＝64KB

1ブロック＝4KB
2^{15}＝32KB

図 6.8　ページの割当て例

A. ページング方式の基本

ページング方式では，プログラムやデータを補助記憶装置において，使用頻度の高いページを必要に応じて，メモリにおいて実行する。

主記憶に存在しないページがアクセスされると，**ページフォールト**（page fault）が発生し，補助記憶から主記憶にページを読み込む操作（ページイン）を行う。主記憶に空きブロックがあるときは，その空き領域にページを読み込むが，主記憶に空き領域がないときは，最も使用頻度の少ないブロック内のページを補助記憶に追い出したのち，ページフォールトの発生したページを主記憶に読み込む処理を行う。ページフォールトは，CPU に割込みを発生する。

B. ページ置換アルゴリズム

ページの入替えアルゴリズムは，**ページ置換アルゴリズム**と呼ばれ，**LRU** 方式（least recently used）や **FIFO** 方式（first in first out）などがある。LRU 方式は最も参照されなかったページ（使用頻度が最も低い）を追い出す方式で，キャッシュメモリの入替えアルゴリズムにも利用される。FIFO 方式は使用頻度に関係なく入った順番に追い出す方式である。ページの使用効率は悪いが，ページング制御が簡単である。LRU 方式の詳細は 6.3 節の高速化方式で述べる（図 6.9）。

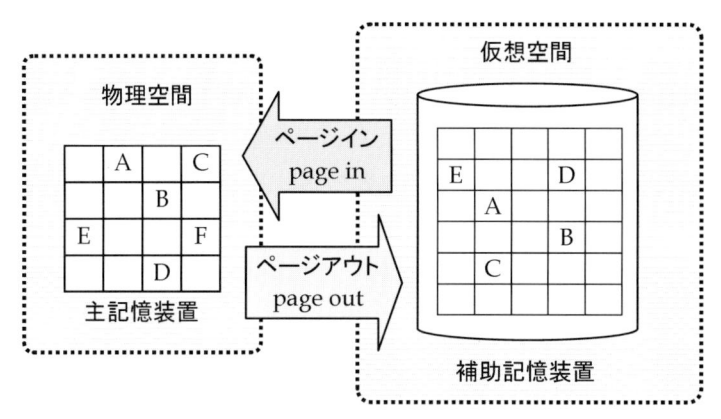

図 6.9　ページングによる仮想記憶方式

(1) オンデマンドページング

ページフォールトが発生した時点で，ページ置換を行う方式をオンデマンドページング（on-demand paging）という。ページイン，ページアウト動作に伴い発生するオーバヘッドは主記憶と補助記憶装置のアクセス速度で決まるが，ページフォールトの発生頻度が高くなるとオーバヘッドが大きくなりコンピュータシステムの性能が悪くなる。

(2) プリページング

ページングフォールトの発生をあらかじめ予測して，ページ置換を行う方式をプリページング（pre-paging）という。空間的局所性が高いプログラムではオーバヘッド削減の効果が得られる。

C. 直接変換テーブル（direct mapping table）方式

ページの数だけ変換テーブルをハードウェアで持つ方式で，変換テーブルの量が少ない小規模システムで使用される。ページング処理に伴うページ入替え処理の時間を必要としないため高速処理が可能である。ページの数が大きくなると，ページテーブルの検索時間や読出し時間，アドレス変換時間がかかり実用的でないので，連想記憶を使った方式が主流である。

D. 動的アドレス変換（DAT ： dynamic address translation）

プログラムの実行に伴い発生するページ変換を都度行うことであるが，変換テーブルがメモリにあると，変換ごとにテーブル参照のためのメモリアクセスが発生して，システムのスループット（単位時間あたりの仕事量）が悪化する。これを防ぐ方法として，メモリにあるアドレス変換テーブルの写しを一時的に保持する，特別なアドレス変換専用のバッファを設け，通常のアドレス変換はこのバッファを利用して，アドレス変換の高速化を図る。専用のアドレス変換バッファは連想記憶でもよいが，ハードウェア量が増えて高価であることから，TLB（translation look aside buffer）方式がよく使われる。

TLBはキャッシュメモリと同じ高速メモリで構成され，パイプライン方式では，CPUクロックと同期して動作するため，クリティカルパス決定の一つの要因となる。

6.2 仮想記憶

アドレス変換テーブルの参照状況はページマップで把握され，ページの使用状況，書込み状況などをフラグで設定する．以下はページマップ項目例である．ブロック番号はページ番号に対応する変換後のブロックアドレスを指定する．使用フラグは，そのページが使用中である場合に，変更フラグは，そのページの書換えが発生した場合に設定される．

ブロック番号	状態フラグ	使用フラグ	変更フラグ

連想記憶で構成した例を図 6.10 に示す．仮想アドレスは，ページ番号と，ページ内アドレスで構成され，ページ番号と項目が一致する連想メモリが読み出され，メモリ上のブロック番号をページ内アドレスと結合してメモリアドレスを発生させる．例では，ページ番号 1001 からブロック番号 010 を発生している．

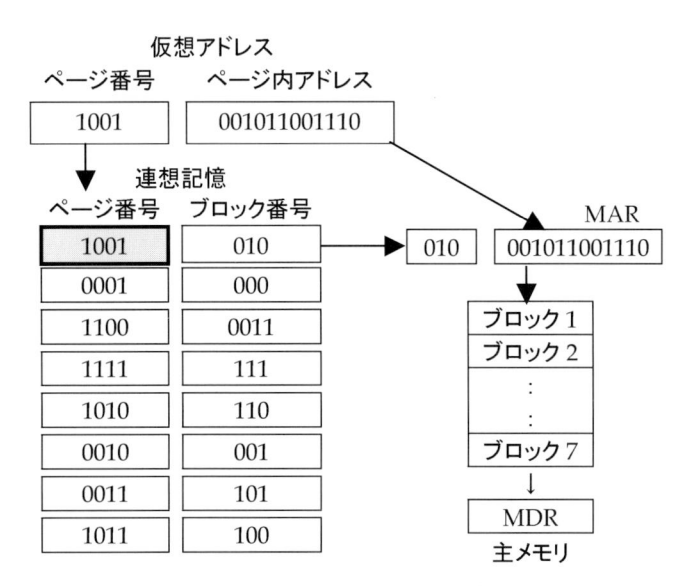

図 6.10 動的アドレス変換の構成例

6.3 高速化手法

メモリの高速化には，主記憶そのものの高速化と，パイプライン処理でのCPUサイクルと同じアクセスタイムのメモリへの必要性から生まれたキャッシュメモリがある．主記憶の高速化は，一度に読み出すデータのビット幅を広げる方法，並列に読み出す方法などがある．ここでは，インタリーブ方式とキャッシュメモリについて述べる．

6.3.1 インタリーブ方式

メモリを同時にアクセスできるモジュールに分割して，連続的にデータが読める構成をとったものをインタリーブ方式（interleaving）という．同時に読み出すモジュールを**バンク**（bank）と呼び，バンクの数を**ウェイ**（way）という．

4ウェイインタリーブの例を図6.11に示す．各バンクはメモリデータレジスタ（MDR）を独立して持ち，同時アクセスが可能でCPUへは，毎回連続してデータが転送される．一方，バンクにとっては，4回に1回のアクセス割合となる．

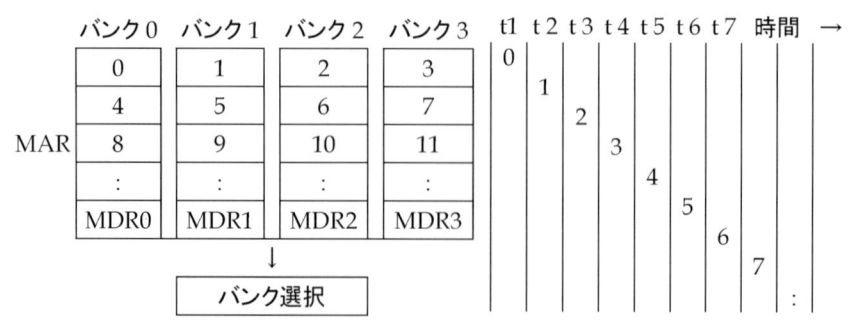

図6.11 インタリーブ方式例（4way）

メモリには，アクセスタイムとサイクルタイムがあるが，理想的には，アクセスタイムは1サイクル以内で，サイクルタイムは4サイクル以内の条件が成り立つ．

A. インタリーブアドレスの選択方式

インタリーブアドレスの選択方法には，メモリアドレスの上位で選択する方法と下位で選択する方法があり（図 6.12），プログラムの空間的局所性からみて，下位で選択するとインタリーブの効果が得られる。

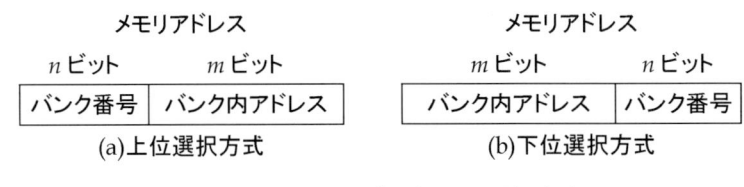

```
        メモリアドレス                    メモリアドレス
     n ビット    m ビット              m ビット    n ビット
   ┌─────────┬──────────────┐      ┌──────────────┬─────────┐
   │バンク番号│バンク内アドレス│      │バンク内アドレス│バンク番号│
   └─────────┴──────────────┘      └──────────────┴─────────┘
        (a)上位選択方式                     (b)下位選択方式
```

図 6.12　インタリーブアドレスの選択方式

メモリアドレスをバンク番号とバンク内アドレスに分割する。バンク番号は n ビット，バンク内アドレスは m ビットで構成されている。2^n がウェイ数を表す。例えば，$n=2$ では，$2^2=4$ で 4 ウェイインタリーブ，$n=3$ では，$2^3=8$ で 8 ウェイインタリーブとなる。

B. アドレス割当て

バンク番号は一般式 $0 \sim (2^n-1)$ で表される。上位選択方式と下位選択方式でのアドレス割当てを図 6.13 に示す。

	0	...	m
バンク 0	0	...	2^m-1
バンク 1	2^m	...	$2^{m+1}-1$
:	:	...	:
バンク (2^n-1)	$2^m(2^n-1)$	...	$2^{m+n}-1$

(a)上位選択方式のアドレス割当て

	バンク 0	バンク 1	...	バンク (2^n-1)
0	0	1	...	2^n-1
1	2^n	2^n+1	...	$2^{n+1}-1$
:	:	:	...	:
m	$2^n(2^m-1)$	$2^n(2^m-1)+1$	...	$2^{n+m}-1$

(b)下位選択方式のアドレス割当て

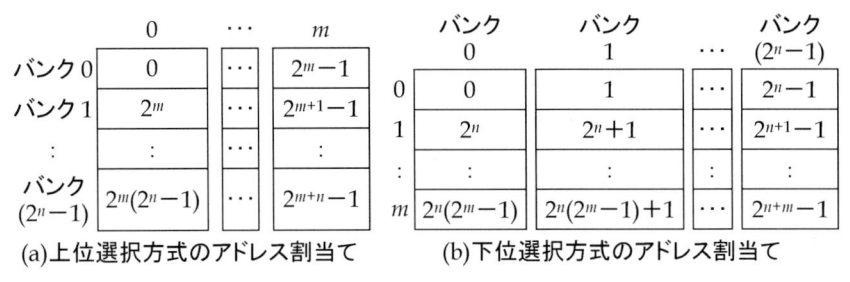

図 6.13　上位／下位選択方式別アドレス割当て

上位選択方式はアドレスを行方向でバンク分割する方法で，下位選択方式は，アドレスを列方向にバンク分割する方法であり，連続番地のアクセスに最適であることがわかる。

信頼性を考えた場合，上位選択は，例えばバンク1がダメージを受けた場合は，バンク内に連続データが残っているためバンク1のデータはだめになるが，その他は正常なまま残る。一方，下位選択は，データの残り方がアドレスの歯抜け状態に陥るため，残りのデータでの復旧は難しくなる。

メモリデータは，元々本籍データが補助記憶にあるため問題はないが，RAID システムなどのストライピング機能は，下位選択と同じ状態となるため注意が必要である。

6.3.2 ディスクキャッシュ方式

ディスクキャッシュ（disk cache）は，ブロック単位で数十 μs と速いアクセスが可能な主記憶とトラック単位で数十 ms と遅い補助記憶との間におけるデータのアクセス時間を短縮するために設けられる。

キャッシュメモリは速度ギャップを埋めるための1次記憶の意味から緩衝記憶（buffer memory）とも呼ばれる。CPU と主記憶との間に置かれる場合は，キャッシュメモリまたはバッファメモリと呼ばれ，ハードディスクと主記憶との間に置かれる場合はディスクキャッシュと呼ばれる。

なお，ディスク以外でも DVD やプリンタなど多くの入出力機器でバッファメモリは利用されている。

6.3.3 キャッシュメモリ方式

A. 基本構成

キャッシュ（cache）は速度ギャップを埋めるための1次記憶の意味から緩衝記憶（buffer memory）とも呼ばれる。CPU と主記憶との間に置かれる場合は，キャッシュメモリまたはバッファメモリと呼ばれる。パイプライン方式では，すべての命令を理想的には1クロックサイクルで実行する。メモリのアクセス速度は CPU サイクルに比べて遅いため，CPU サイクルと同じスピードのメモリが必要となる。CPU サイクルと同じタイミングで動くメモリをキャッシュメモリと呼び，その制御方式をキャッシュメモリ方式と呼ぶ。

キャッシュメモリの基本構成を図 6.14 に示す。

キャッシュ制御の基本は，CPU からのメモリアクセス要求に対して，キ

ッシュにデータが存在するときは，キャッシュアクセスを行い，キャッシュにデータが存在しないときは，メモリアクセスを行い，キャッシュにその写しを書込む処理を行う．

キャッシュアクセスの最小単位はブロックで表す．ブロックの大きさは，性能に影響を与えるが，通常は仮想記憶のページの大きさ，メモリのブロックと同じ大きさで構成される．

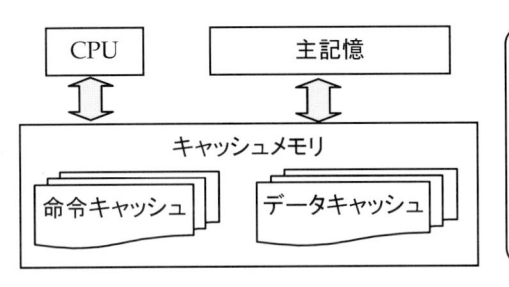

$Te = \alpha Tc + (1-\alpha)Tm$

キャッシュアクセス時間：Tc
キャッシュのヒット率：α
メモリアクセス時間：Tm
平均アクセス時間：Te

図 6.14　キャッシュメモリの基本構成

キャッシュの存在はCPUにとって透明であり，CPUからメモリをアクセスすると自動的にすべてキャッシュに対してなされ，CPUで意識する必要はない．

(1) 命令キャッシュとデータキャッシュ

パイプライン処理では，命令先取りを高速化するため，命令部とデータ部に分割してキャッシュメモリを構成する．おのおの命令キャッシュ，データキャッシュと呼ぶ．

(2) キャッシュの階層構成

キャッシュメモリはCPUサイクルと同じ速度が要求されるが，キャッシュメモリ容量が増加するとアクセスタイムの低下や，価格の高騰などから，2階層や3階層にする場合がある．特に，マイクロプロセッサでは，チップに入る高速メモリ素子の物理的容量制限から，チップ内にCPUと同じ速度で動作するキャッシュメモリを内蔵させ，チップ外を中速のキャッシュメモリで構成する．チップ内のキャッシュを1次キャッシュ，チップ外を2次キャッシュなどと呼び，通常は，2次キャッシュの容量が1次キャッシュより増加する構成となる．

B. キャッシュの性能

(1) ヒット率（hit rate/hit ratio/found probability）

データがキャッシュにある確率を**ヒット率**（a とする）といい，ない確率を**ミス率**または **NFP**（not found probability）と呼ぶ。ヒット率が高いほどキャッシュの効果が高い。ヒット率とミス率との関係は，次のようになる。

$$\text{ミス率} = 1 - \text{ヒット率}(a)$$

(2) 平均アクセス時間（平均アクセスタイム）

CPU からみたキャッシュとメモリ両方合わせた実効的なアクセス時間が平均アクセス時間であり，次の式で求まる。

平均アクセス時間 (Te) = ヒット率 (a) × キャッシュアクセス時間 (Tc)
　　　　　　　　　　＋ ($1-a$) × メモリアクセス時間 (Tm)　　(6.1)

(3) キャッシュアクセスに関係するパラメタ

式 (6.1) はキャッシュブロックの入替え時間が含まれていない。この時間は考慮する必要がないか考えてみる。まずキャッシュアクセスに関係するその他のパラメタ（parameter）を次にまとめて示す。

① キャッシュアクセス時間(Tc)：キャッシュデータの読込み，書込み時間
② メモリアクセス時間(Tm)：ブロックの先頭データを読み出す時間
③ メモリ参照回数(n)：CPU からの全メモリアクセス回数
④ ヒット数(h)：メモリ参照回数の中でキャッシュをアクセスした回数
⑤ ヒット率(a)：データがキャッシュにある確率(成功率)＝h/n
⑥ ミス率(f)：キャッシュでのアクセス失敗率＝$1-a$
⑦ ヒット時間(Th)：ヒットしたときのキャッシュアクセス時間＝aTc
⑧ ミスペナルティ(Ts)：メモリアクセス時間(Tm)＋転送時間(Tr)
⑨ 転送時間(Tr)：残りのブロックをキャッシュに転送するのに要する時間
⑩ 平均アクセス時間(Te)：CPU から見た実効的なメモリアクセス時間

キャッシュは，ブロックで構成されているため，ミス時には，ブロック全体の転送が必要となる。メモリアクセス時間（Tm）をキャッシュのブロック入替え時間も含めて考えると，平均アクセス時間（Te）は

$$Te = \text{ヒット時間}\ (Th) + \{\text{ミス率}\ (f) \times \text{ミスペナルティ}\ (Ts)\}$$
$$= \alpha Tc + (1-\alpha)\ Ts$$
$$= \alpha Tc + (1-\alpha)(Tm + Tr)$$

となる。この式でブロックの数を1とすると $Tr=0$ となるから元の式に戻る。通常は，メモリアクセスタイムは，インタリーブ方式の採用により，ブロック転送に時間がかからない工夫がされている。

例題 6-1

キャッシュに1000回アクセスして，985回ヒットした。キャッシュのアクセスタイムを10 ns，メモリアクセスタイムを400 nsとするとき，平均アクセス時間を求めよ。

解答

平均アクセス時間＝（α ＝985/1000）×10 ns＋（1－α）×400 ns＝15.85 ns

C. 写像（マッピング）方式

キャッシュとメモリとの対応付けをマッピングという。メモリのブロックをキャッシュのブロックに割り当てる方式は，ページのマッピングと同じで，次の三つに分類される。

(1) 直接マップ（direct mapped）方式

主記憶のブロックとキャッシュのブロックの対応をあらかじめ決めておく方法で制御は簡単であるが，効率は悪くなる。

メモリブロックを四つの領域に分割して，直接マッピングする例を示す。0，4，8，…のメモリブロックはキャッシュの対応ブロック以外には設定できない（図6.15）。

メモリのブロック	0	1	2	3
	4	5	6	7
	8	9	10	11
	:	:	:	:
	↓	↓	↓	↓
キャッシュのブロック	4	9	2	11

図 6.15　直接マップ方式

(2) フルアソシアティブ（完全連想：fully associative）方式

連想記憶を使用して，ブロックをキャッシュの任意の位置に配置する方式である（図6.16）。

```
         ┌──┬──┬──┬──┐
         │ 0│ 1│ 2│ 3│
         ├──┼──┼──┼──┤
         │ 4│ 5│ 6│ 7│
メモリのブロック├──┼──┼──┼──┤
         │ 8│ 9│10│11│
         ├──┼──┼──┼──┤
         │ :│ :│ :│ :│
         └──┴──┴──┴──┘

         ┌──┬──┬──┬──┐
キャッシュのブロック│ 5│ 6│ 7│ 4│
         └──┴──┴──┴──┘
```

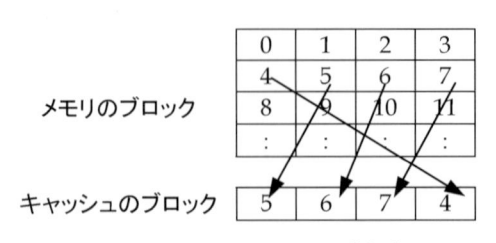

図 6.16　フルアソシアティブ方式

(3) セットアソシアティブ（セット連想：set associative）方式

キャッシュの二つ以上のブロックをまとめて，セットにして，そのセット内の任意のブロックに対して連想記憶を利用してブロックを配置する方式である（図6.17）。

```
         ┌──┬──┬──┬──┐
         │ 0│ 1│ 2│ 3│
         ├──┼──┼──┼──┤
         │ 4│ 5│ 6│ 7│
メモリのブロック├──┼──┼──┼──┤
         │ 8│ 9│10│11│
         ├──┼──┼──┼──┤
         │ :│ :│ :│ :│
         └──┴──┴──┴──┘
           ↓  ↓  ↓  ↓
         ┌──┬──┬──┬──┐
キャッシュのブロック│ 4│ 9│ 2│11│
         ├──┼──┼──┼──┤
         │ 0│ 5│10│ 7│
         └──┴──┴──┴──┘
```

図 6.17　セットアソシアティブ方式

D. 書込み処理

キャッシュはメモリの写しを持って動作している。データは最終的には，メモリを本籍とする必要があり，メモリとのデータの整合性をとることを，コヒーレンシー（coherency）を保つという。

(1) キャッシュヒット中の書込み処理

キャッシュへの書込み手法には，大きく分けて二つある。

① ライトスルー（write through）

書込みをキャッシュとメモリの両方に行う。本籍データは常にメモリで

あるという考え方であり，信頼性は高い．反面，書込みサイクルがメモリに及ぶため，書込み処理の多いプログラムでは，パイプラインの中断など，性能上ネックとなる．ストアスルー（store through）とも呼ばれる．

データのメモリへの書込み動作中はCPU処理が待たされる．これを**ライトストール**（write stall）というが，この時間を最小に抑えるため，**ライトバッファ**（write buffer）を設け，パイプラインの乱れを防ぐ．

② ライトバック（write back）

書込みをキャッシュのブロックのみに行う方式で，書き込みされたブロックは，置換えの対象になった時点でメモリに戻される．書込み動作でも性能が低下しないため，パイプライン向きである．**ストアイン**（store in），**コピーバック**（copy back）とも呼ばれる．

(2) キャッシュミスの書込み処理

CPUからの書込み動作でキャッシュミスとなった場合も二つの方法がある．

① ライトアロケート（write allocate）

ミスとなったブロックをキャッシュに読み込み，以降はキャッシュミスと同じ処理を行う．書込みが一過性の場合は，読込み動作が無駄になることもある．フェッチオンライト（fetch on write）ともいう．

② ノーライトアロケート（no write allocate）

ブロックのフェッチは行わず，メモリにのみ書込み動作を行う．ライトアラウンド（write around）とも呼ばれる．

6.3.4 入替えアルゴリズム

ブロック置換アルゴリズムには，LRU（least recently used）方式，ランダム法，FIFO法などがある．ページやキャッシュなどの置換アルゴリズムとしてLRUがよく使われる．以下，LRUの例を参考に示す（図6.18）．

LRUは最も使用頻度の低いページ，ブロックを入れ換える方式である．

A. LRUアルゴリズムの基本

ブロックの数をn個とする．n個のブロックの物理的番地を0，1，…，$n-1$とする．各ブロックに論理的なLRUスタック番号0，1，…，$n-1$

を対応させる．初期状態においては，物理的番地と LRU スタック番号を一致させる．

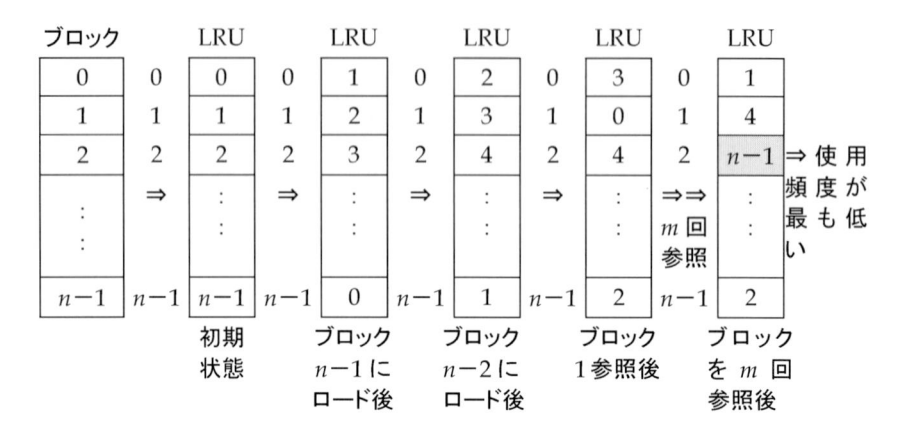

ブロック		LRU		LRU		LRU		LRU		LRU	
0	0	0	0	1	0	2	0	3	0	1	
1	1	1	1	2	1	3	1	0	1	4	
2	2	2	2	3	2	4	2	4	2	$n-1$	⇒ 使用頻度が最も低い
⋮	⇒	⋮	⇒	⋮	⇒	⋮	⇒⇒	⋮		⋮	
								m 回参照			
$n-1$	$n-1$	$n-1$	$n-1$	0	$n-1$	1	$n-1$	2	$n-1$	2	
		初期状態		ブロック$n-1$にロード後		ブロック$n-2$にロード後		ブロック1参照後		ブロックをm回参照後	

図 6.18　LRU の基本

（LRU 動作の流れ）

①　LRU スタックの先頭を 0，最後を $n-1$ とする．新しいデータをブロックにロードする場合，LRU スタック番号が最後（$n-1$）のブロックを使用する．

②　ブロックをロードする場合，ロードしたブロックの LRU スタック番号を 0 に，他のブロックの LRU スタック番号を +1 する．

③　ブロックを参照する場合，参照したブロックの LRU スタック番号を 0 にし，参照したブロックの元の LRU スタック番号より小さな LRU スタック番号を持つブロックの LRU スタック番号を +1 する．

④　ロードの場合，1 回目の参照時に LRU スタック番号を変更しない方法では効率がよい場合がある．

⑤　m 回参照後は使用頻度が最も少ないブロックの LRU スタック番号は $n-1$ となる．従って新しいデータをブロックにロードする場合，LRU スタック番号が最後（$n-1$）のブロックを追い出してそのブロック（$n-1$）に新しいデータをロードする．

B. LRUアルゴリズムの実現

LRU ビットを矢印の数で表すことができる。その矢印を F/F（フリップフロップ）やフラグビットに対応させる。必要な LRU ビット数（L）は

$$\text{LRU ビット数}（L）= n(n-1)/2$$

である。

(1) ブロックが2の場合（$n=2$）

必要な LRU ビット数は 1 ビットである。

（ブロックへのロード） 矢印の向いているブロックを置き換える。

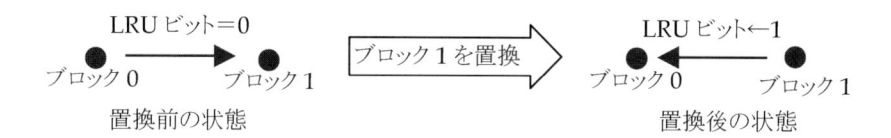

LRU ビット=0　　　　　　　　　　　LRU ビット←1
ブロック0 → ブロック1　　ブロック1を置換　　ブロック0 ← ブロック1
　　置換前の状態　　　　　　　　　　　　置換後の状態

（ブロックへの参照） 参照後，参照ブロックの矢印を相手に向ける。

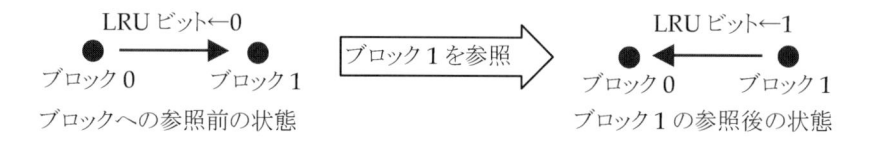

LRU ビット←0　　　　　　　　　　　LRU ビット←1
ブロック0 → ブロック1　　ブロック1を参照　　ブロック0 ← ブロック1
　ブロックへの参照前の状態　　　　　　　ブロック1の参照後の状態

(2) ブロックが4の場合（$n=4$）

必要な LRU ビット（矢印）数は 6 ビットである。ロード，参照されたブロックの矢印を反転する。

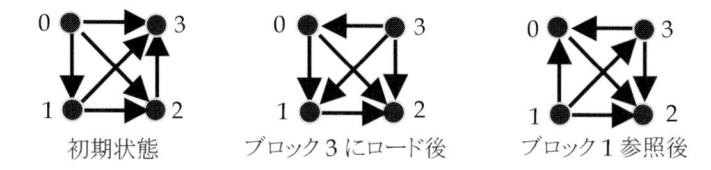

| | 初期状態 | ブロック3にロード後 | ブロック1参照後 |

LRU ビット(6 ビット)						スタック	スタック	
0-1	0-2	0-3	1-2	1-3	2-3	の先頭	の最後	
0	0	0	0	0	0	0	3	初期状態
0	0	1	0	1	1	3	2	ロード後
1	0	1	0	0	1	1	2	ブロック1参照後

まとめ

● 記憶装置はさまざまな性能，価格のものがあり，最も適した目的に合うように記憶階層をなしている。

● 記憶装置間の速度ギャップを埋める方法としてキャッシュが考えられた。CPU と主記憶の間にはキャッシュメモリが，ディスクと主記憶との間にはディスクキャッシュがある。

演習問題

【6-1】 主記憶のアクセスが 20 クロック，キャッシュのアクセスが 1 クロック，キャッシュミス率 10 ％としたときの平均アクセス時間は何クロックとなるか。

【6-2】 ブロックが 6 の場合の状態を矢印図で表せ。

【6-3】 仮想アドレス空間の大きさが 32 KB で 1 ページの大きさが 512 B（バイト）の場合，最大ページ数を求めよ。

【6-4】 仮想記憶に関する次の説明の空欄に適当な語句を記入せよ。
　　　　主記憶装置は高価で，また容量に限りがあるので考えられたのが，a である。この方式では，記憶装置上を b という単位に分割する。プログラム実行中に実記憶に存在しない b が参照されると，c という割込みをきっかけに，オペレーティングシステムが必要な b を実記憶に読み込む。実記憶域に空きがなくなると，必要のない b は外部記憶装置に書き出す。この場合の前者を d ，後者を e といい，この操作を f という。

第7章
入出力アーキテクチャ

＊本章の内容＊

7.1 入出力処理方式
  7.1.1 入出力制御と構成
  7.1.2 チャネルの種類
7.2 チャネルインタフェース
7.3 入出力インタフェース
  7.3.1 入出力インタフェースの形態
  7.3.2 汎用インタフェース
7.4 周辺装置
  7.4.1 周辺装置の分類
  まとめ
  演習問題

 この章では，入出力処理方式，チャネル制御，おもな周辺装置について述べる。周辺装置は，パソコンを中心に多くの機器がサポートされるようになり，ハードディスクも 100 GB を超える時代となってきている。これらを制御するチャネルの種類と特徴を中心に述べる。

7.1 入出力処理方式

7.1.1 入出力制御と構成

入出力処理方式は入出力制御の構成をどのように考えるかで決まり，通常は構成と動作手順は階層化されソフトウェアとハードウェアが連携して実現される．入出力処理の方式もコンピュータの種類によりさまざまな方式が存在する．一般的な入出力制御の基本構成を図7.1に示す．

A．入出力制御装置（IOC：I/O controller）の接続方式

CPUのみに接続する方式と主記憶装置または主記憶装置に接続されたシステムバスに直接接続する方式，専用のハードウェア経由で接続する方式がある．

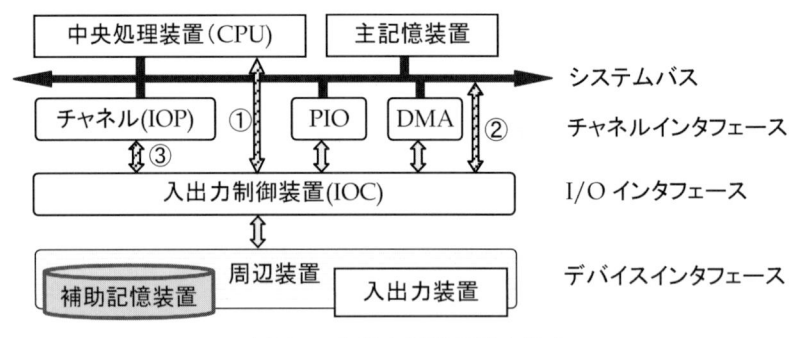

図7.1 入出力制御の基本構成

（1） CPUのみに接続する方式

CPUがデータ転送を含むすべての入出力制御を行う（図7.1 ①）．

（2） メモリマップ入出力（memory mapped I/O）方式

システムバスに直接接続する方式でアドレス空間の一部を入出力アドレスに割り当てる方式である．入出力装置をメモリとみなし，入出力制御に割り当てられたメモリアドレスをアクセスすることにより，入出力動作を行うことができる．ハードウェアが少なくて済むため，マイクロプロセッサやパソコン，UNIX系コンピュータで採用されている（図7.1 ②）．

(3) チャネル (channel) 方式

CPU と IOC の間で情報の交通整理を行う専用のハードウェアがチャネル (I/O channel) であり，汎用機などで使用される。CPU に代わって入出力処理を独立して行うことから入出力処理装置 (IOP : I/O processor) と呼ぶこともある (図 7.1 ③)。

IOP と IOC 間のインタフェースをチャネルインタフェース，IOC と周辺装置間を I/O インタフェース，周辺装置内をデバイスインタフェースと呼ぶ。コンピュータの種類によっては，I/O コントローラとチャネルコントローラが同じ動作を行う場合もあり，特に明確な区別がなされないものもある。

B. データ転送方式

主記憶装置と入出力装置との間のデータ転送を CPU が肩代わりする方式とデータ転送のみを専用に行う DMA (direct memory access) 方式がある。DMA 方式では，データ転送中も CPU 動作が併行して行われるため，システム性能が向上する。チャネル方式は，DMA 方式に入出力制御専用のプロセッサを付加したものである。

7.1.2 チャネルの種類

汎用コンピュータでは，目的別に専用のチャネルを持ち，主記憶と周辺装置間のデータ転送は CPU に対する入出力制御の負荷の減少を目的にすべて，DMA 転送モードで行われる。

接続する周辺装置の特性により次の種類に分類される。

A. 専有チャネル方式
(1) セレクタチャネル (SEL : selector channel)

1 ブロック単位のデータ転送を行う間，一時的にはそのチャネルの下に接続された入出力機器のうち 1 台だけを動作させる方式のチャネルである。磁気ディスク装置や磁気テープ装置など高速なデータ転送制御が必要な機器を接続する。1 台の入出力機器がチャネルを占有して，連続してデータ転送を行うモードをバースト (burst) モードといい，セレクタチャネルはバーストモードのみで動作する。

(2) マルチプレクサ（多重）チャネル（MXC : multiplexer channel）

一つのチャネルの中に周辺装置ごとにサブチャネルを持ち，時分割で入出力処理を行う。

① バイトマルチプレクサチャネル（MPX : byte multiplexer channel）

一つのチャネルで多数の低速入出力機器を同時動作させる方式である。データ転送をバーストモードで送ると，セレクタチャネルとして使用できる。入出力機器の接続は，芋づる方式（ディジーチェーン）で接続する。

② ブロックマルチプレクサチャネル（BMX : block multiplexer channel）

ディスク装置の入出力制御を行う。ディスク装置では，シーク，サーチ動作などは遅く，データ転送は高速性を要求される。入出力の開始から，目的のデータを探すまでは，遅くてもよいが，データ転送中はバーストモードで高速性を要求される。ブロック単位にマルチプレクサ処理を行う。

B. PIO（programmed I/O）方式

入出力制御に伴うデータ転送を CPU の命令実行（プログラム）のみで行う。低コスト，低入出力動作に適している。データ転送中は CPU が占有されるため，他の動作が止まってしまう欠点がある。

パソコンでは，8 ビットバス幅の PIO 転送にモード 0 からモード 4 までが ANSI（米国規格協会）で ATA 仕様として規格化されている（表 7.1）。当初は PIO が主流であったが，現在では DMA 転送が主流となっている。

表 7.1　PIO 転送モード

モード	転送サイクル（ns）	最大転送速度（MB/s）
0	600	3.3
1	383	5.2
2	240	8.3
3	180	11.1
4	120	16.7

C. DMA（direct memory access）方式

CPU 動作と並行して主記憶と入出力との間でデータ転送を行う。データ転送中であっても CPU 占有率が低下しない。DMA どうしが競合した場合は，優先順位の高い DMA がメモリを占有するため，メモリバスのバンド

幅が性能向上に関係してくる。DMA コントローラとも呼ばれる（図7.2）。

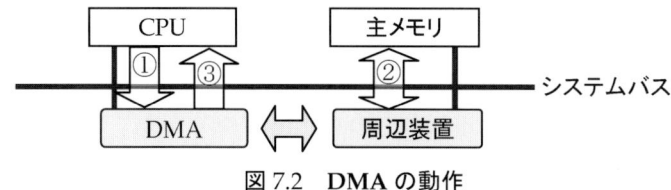

図 7.2　DMA の動作

DMA は，次の手順で主記憶と周辺装置とのデータ転送を制御する。

① 入出力要求が発生すると CPU は I/O 命令を発行して，DMA を起動する。CPU から DMA に送られるデータ転送に必要な情報（表7.2）は，DMA 内のレジスタに格納され，CPU との接続を終了する（図7.2 ①）。

表 7.2　CPU から DMA 起動に伴い送られる情報

DMA 起動コマンド
データ転送の方向　　主記憶への格納か読出しかの指定
主記憶の先頭アドレス(格納，読出し)
データ転送数(バイト数，ワード数)

② データ転送情報に従い，DMA はデータ転送数だけ周辺装置からデータを読み出し，主記憶に格納（入力）または，主記憶からデータを読み出し周辺装置へ送る（出力）動作を行う（図7.2 ②）。Ultra DMA 転送モードでは1サイクルに2回（16 ビット×2）のデータ転送を行う（表7.3）。

③ データ転送が終了すると，DMA は，割込み要求を CPU に送る。CPU は，データ転送が正常に終了したことを確認して，DMA を解放する（図7.2 ③）。

表 7.3　Ultra DMA 転送モード（16 bit double rate）

モード	転送サイクル(ns)	最大転送速度(MB/s)
0	240	16.7
1	160	25.0
2	120	33.3
3	90	44.4
4	60	66.7
5	40	100.0
6	30	133.3

7.2 チャネルインタフェース

チャネルとチャネルに接続された入出力コントローラ（IOC）とのコマンド，信号のやり取りを規定したものをチャネルインタフェースと呼ぶ。

汎用コンピュータなどチャネルを持つコンピュータでは，チャネルインタフェースが存在するが，パソコンなどチャネルを持たないコンピュータでは，PCI（peripheral component interconnect）バスなどに直接入出力装置が接続される構成である（図7.3）。

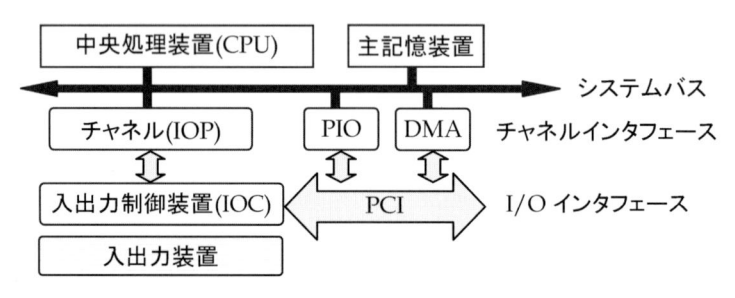

図 7.3　チャネル構成の例

A. 入出力制御の基本動作

PCIは，チャネルや入出力制御装置の動作を兼ね備えていることもある。ここでは，入出力制御の基本的な動作について述べる。

入出力制御の基本動作は四つのレベルに分かれる。

① 入出力装置を接続する

接続相手となる機器を特定する。

② 入出力動作を指示する

データを読み取る，書き込むなど入出力の動作を指示する。

③ データを転送する

入出力装置との間でデータ転送を行う。

④ 入出力装置を解放する

データの開始や終了，データの送受信が正しく行われることの確認作業を行う。

7.2 チャネルインタフェース

(1) 入出力機器を接続する

入出力装置には識別するためのアドレスがつけられている。アドレスは，一般的には，チャネルアドレス，IOC アドレス，装置アドレスから構成される。メモリマップ入出力方式のパソコンでは，メモリの特定番地に I/O アドレスが格納されている。

(2) 入出力動作を指示する

入出力動作の指定は，四つの基本コマンドで行われる。チャネルから，入出力装置にコントロールで起動をかけ，リード，ライトでデータ転送を行う。入出力装置の状態はセンスにより読み込む（図 7.4）。チャネルを待たないシステムでは，チャネルを CPU やバスに置き換えて考える。

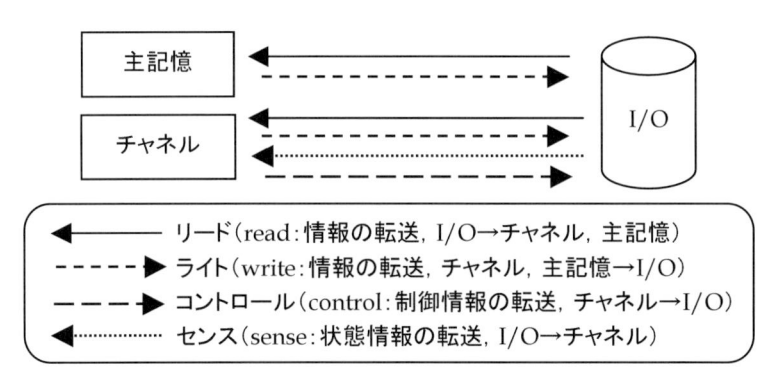

```
主記憶 ←――――――
チャネル ←――――――
         ――――――→ I/O
         ――・――→
         ・・・・・・←

――←――  リード（read：情報の転送，I/O→チャネル，主記憶）
――→    ライト（write：情報の転送，チャネル，主記憶→I/O）
――→    コントロール（control：制御情報の転送，チャネル→I/O）
・・・・←  センス（sense：状態情報の転送，I/O→チャネル）
```

図 7.4 入出力動作の指定例

(3) データを転送する

メモリと入出力装置とのデータ転送方式には，データ転送を CPU の命令（load, store）のみで行う方式（PIO）とメモリと入出力装置間で直接行う方式（DMA），DMA 方式を高機能化させたチャネル方式がある。汎用機では，チャネル方式が主流であるが，パソコンでは，当初は PIO 中心であったが，現在では，DMA が主流となりつつある。

入出力データ転送制御の基本動作に必要な情報は，データ転送の方向（動作指示コマンド），入出力先主記憶アドレス，入出力データの数である。

メモリから入出力装置にデータを送る場合に，入出力装置で処理する速度が送られるデータの転送速度に間に合わなくなることを，オーバランと

いう。CD-R/RW や DVD±R/RW などでは，オーバランが発生しないような対策がとられている。

(4) 入出力装置を解放する

入出力装置が正常に終了した場合やデータ転送の途中で一度解放する必要が出てきた場合は，入出力装置を解放する。解放するのに通常は割込みによる制御方式をとる。

B. 入出力割込み

入出力の終了動作，入出力エラーをチェックする。小型コンピュータなどでは，入出力のデータ転送にプログラム制御入出力方式を採用するが，割込み方式を併用することにより，性能を向上させている。

C. チャネルプログラム

チャネルコマンドは，入出力動作を指示するもので，送受信のデータアドレスやデータ転送量などを指定する。入出力の起動命令である，SIO（start I/O）命令や入出力の強制終了を行う HIO（halt I/O）命令などで，チャネルに伝えられる。チャネルからは，入出力割込みの発生時にチャネル状態語（CSW：chanel status word）が返される。

チャネルプログラムの集まりである CCW（チャネルコマンドワード：channel command word）の例を示す。

コマンドコード	データアドレス	フラグ	データカウント

D. RAID（redundant arrays of inexpensive disk）コントローラ

複数のハードディスクを並列に接続して，信頼性向上または性能向上を図る方式である。RAID の基本は，複数のハードディスクを一つの高速ディスクとして扱うストライピングモード（RAID0），2台のハードディスクに同じデータを書き込み，高信頼性システムを提供するミラーリングモード（RAID1）などがある。

7.3 入出力インタフェース

7.3.1 入出力インタフェースの形態

周辺装置をコンピュータに接続するときの規格を標準化したものを入出力インタフェースという。インタフェース信号を統一して，異なるコンピュータにも接続可能な汎用インタフェースが開発されている。

入出力機器はI/Oインタフェース経由で接続されているが，電源が入った状態で物理的に接続された形態も存在する。コンピュータに接続され，I/Oインタフェースを使用してコンピュータとの間で動作しているものをオンライン状態，接続されているがCPUから切り離された状態をオフライン状態と呼ぶ（図7.5）。

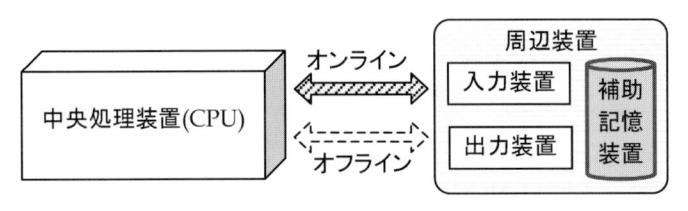

図7.5　入出力装置の状態

各入出力装置は，入出力制御装置（I/Oコントローラ）を持ち，チャネルやCPUとは，入出力バスで接続される。入出力バスは，アドレス線やデータ線，コマンド線などで構成され，I/Oインタフェースをとっている。入出力バスの接続例を図7.6に示す。

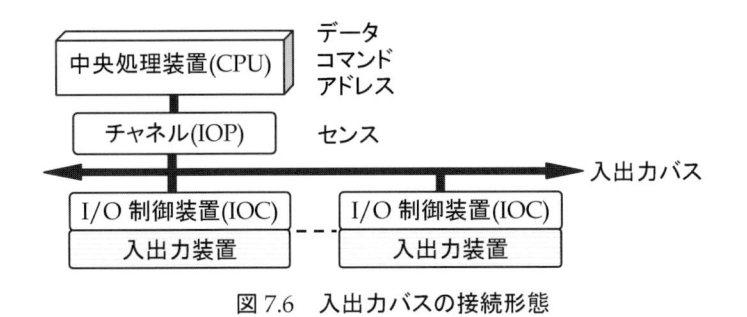

図7.6　入出力バスの接続形態

7.3.2 汎用インタフェース

パソコンやワークステーションなどの小型コンピュータを中心に規格化された標準の入出力インタフェースである。通常は，パソコンのPCIバスに接続され，外部機器接続用に用いられる。

A. ATA（AT attachment）/ATAPI（AT attachment packet interface） IDE（integrated drive electronics）/E-IDE（enhanced IDE）

IDEはハードディスク（HDD），CD-ROMなどをコンピュータ内部に接続するインタフェース規格で，ANSI（米国規格協会）で標準化され，正式名称をATAという。IDEには，プライマリとセカンダリの二つのポートがあり，おのおののポートに最大2台までのドライブを接続できる（図7.7）。マスタとスレーブの区別は接続機器のジャンパ線で設定する。ANSI規格は大容量化，高速転送モードなどの機能が拡張され，E-IDE/ATAPIと呼ばれる。表7.4にATA規格を示す。

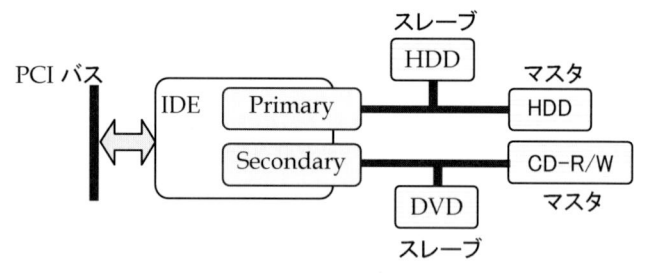

図7.7　IDEの構成

表7.4　ATA規格

規　格	最大転送速度（MB/s）	転送方式
ATA-1	8.3	Multi word DMA
ATA-2	16.7	Multi word DMA
ATA-3	16.7	Multi word DMA
ATA/ATAPI-4	33.3	Ultra DMA
ATA/ATAPI-5	66.7	Ultra DMA
ATA/ATAPI-6	100	Ultra DMA
Serial ATA 1.0	150	Ultra SATA

Serial ATAはシリアルバスインタフェース仕様を表す

B. SCSI（small computer system interface）

ハードディスクや CD-ROM，スキャナなど高速のデータ転送を必要とする機器を外部接続するインタフェースであり ANSI で規格化された。バス幅 8 ビット（Narrow SCSI）もしくは 16 ビット（Wide SCSI）のパラレルインタフェースで，新たな拡張がなされている（表 7.5）。

表 7.5 SCSI

規格	総称	仕様	
SCSI-1	SCSI	5MB/S（8ビット）	
SCSI-2	Fast SCSI	10MB/S（8ビット）	20MB/S（16ビット）
SCSI-3	Ultra SCSI	20MB/S（8ビット）	40MB/S（16ビット）
	Ultra2 SCSI	40MB/S（8ビット）	80MB/S（16ビット）
	Ultra3 SCSI	80MB/S（8ビット）	160MB/S（16ビット）

C. USB（universal serial bus）

パソコンに周辺装置を接続するための汎用シリアルインタフェース規格である。論理的接続デバイスは最大 127 台で，転送速度 12 Mbps の USB 1.1 と転送速度 400 Mbps の USB 2.0 が存在する。USB 1.1 は比較的低速のキーボード，マウス，モデム，プリンタなどで使われ，USB 2.0 は，高速なハードディスク（HDD），CD-R/RW，DVD±R/RW などに使われる。電源 ON 状態でケーブルの着脱が可能である。

D. IEEE1394

高速シリアルインタフェースの規格で，「Fire Wire」，「i. LINK」とも呼ばれる。DV カメラ，ディジタルカメラなどのディジタル家電でも使われている。最大接続台数は 63 台，データ転送速度は最大 400 Mbps で，電源 ON 状態でケーブルの着脱が可能である。

E. RS-232C（recommended standard 232C）

パソコンとモデム間の非同期伝送を行うことを目的に EIA（米国電子工業会）が規格化した標準的なシリアルインタフェース規格である。

7.4 周辺装置

7.4.1 周辺装置の分類

周辺装置は，補助記憶装置，入出力機器，通信制御装置など CPU 外部の装置で構成される．最近のパソコンでは，本体内蔵の入出力機器が増える傾向にあり，システムバスに入出力機器が直接接続されるため，周辺記憶装置，補助記憶装置などと呼ぶのではなく，ハードディスク（HDD），DVD などと機器単体で呼んでいる．

A．補助記憶装置の要件

ハードディスク，フロッピディスクなどの補助記憶装置はファイル装置と呼ばれ，表 7.6 に示すような要件がある．

表 7.6 補助記憶装置の要件

記憶容量	ファイル（画像データを含む）の大容量化が時代の要請
ビットあたり単価	大容量に見合ったビット単価が要求される
不揮発性	データの保存性，再現性
信頼性	エラーレイト，エラー訂正機構，故障の発生頻度
速度	アクセス時間，データ転送速度
体積，重量	特に携帯用，搭載用システムでは必須条件となる

B．補助記憶装置の特徴

代表的な補助記憶装置の特徴を表 7.7 にまとめる．

表 7.7 補助記憶装置の特徴

補助記憶	特徴	用途
磁気ディスク装置 （HDD, DISK）	大容量，アクセスタイム高速，小型，軽量タイプもあり	大型機からパソコンまで利用されている
フロッピディスク装置 （FDD）	媒体の交換が可能，安価，軽量，小容量で速度が遅い	個人ファイルとしてパソコン，ワークステーションに広く利用
光ディスク装置 （CD-ROM, DVD）	交換型記憶媒体，大容量，再生専用，書換え可能型	安価な CD-ROM はデータの再配布に有効
磁気テープ装置 （MT）	交換型記憶媒体，大容量，価格／単位容量が安価	大容量データのバックアップ，保存用

C. ディスク装置の性能

ハードディスク（磁気ディスク装置）は高速に回転する磁性体の塗られた円盤上に，トラック（track）と呼ばれる同心円状のデータがあり，アクセスアーム（access arm）の先端につけられた磁気ヘッドによってデータの読み書きを行う。このアクセスアームを1回指定して読み書きできるトラック群のことをシリンダ（cylinder）と呼ぶ。フロッピディスクでは，トラックはセクタ（sector）に分けられてアクセスされる。ハードディスクなどのディスク装置にデータのアクセス要求を出してからデータ転送が終了するまでのアクセス時間は次のようになる（図7.8）。

アクセス時間　　＝平均待ち時間＋データ転送時間
平均待ち時間　　＝平均シーク（位置決め）時間＋平均回転待ち時間
平均回転待ち時間＝回転時間×1/2

```
アクセス要求                    データ転送開始   データ転送終了
 ↓                                ↓             ↓
 ←―――――― システムからみたデータのアクセス時間 ――――――→
 ←―――――― 平均待ち時間 ――――――→|← データ転送時間 →
 ← 平均シーク時間 →|← 平均回転待ち時間 →
```

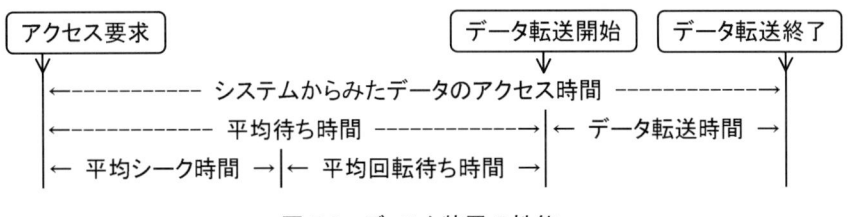

図7.8　ディスク装置の性能

D. 光ディスクの事例

光ディスクは大容量化が図られ，データのバックアップ用に利用される。代表的な例を表7.8に示す。

表7.8　光ディスクの事例

仕様	書換え可能型		再生専用	
	光磁気ディスク MO, HS	相変化光ディスク PD, DVD-RAM	CD-ROM	DVD-ROM
直径(mm)	86〜88	120	120	120
記憶容量(片面)	1.3GB：MO 650MB：HS	664MB：PD 2.6GB〜9.4	640MB	4.7〜9.4〜17GB
転送速度(MBPS)	8〜16	4.1〜9.1	1.5〜×倍速	〜11.2
回転速度(rpm)	2,400	2,000	200〜	600〜1,500
誤り率(誤り訂正後)	10^{-12}以下	10^{-12}	10^{-12}	$10^{-14 \sim 20}$

まとめ

- 入出力処理方式は，入出力装置の接続方式で分類することができる。メモリに直接接続する方式をメモリマップ入出力方式，メモリとの間に入出力制御専用の処理装置（チャネル）を持つ方式をチャネル方式という。

- メモリと入出力装置とのデータ転送も CPU を介して行う方式とメモリと直接行う方式がある。

演習問題

【7-1】パソコンと外部を接続するインタフェースには SCSI, USB と IEEE1394 がある。おのおののデータ転送方式に対して，セレクタチャネル（SEL），バイトマルチプレクサチャネル（MPX），ブロックマルチプレクサチャネル（BMX）のどのタイプに相当すると考えられるか考察せよ。

【7-2】補助記憶装置に関して適当な語句で次の空欄を埋めよ。

(1) 磁気ディスク装置は磁性体の塗られた円盤に対して，$\boxed{a}$ の先端につけられた $\boxed{b}$ によって情報の読み書きを行う。この $\boxed{a}$ を1回指定して読み書きできるトラック群のことを $\boxed{c}$ という。アクセス時間は待ち時間と $\boxed{d}$ からなり，待ち時間はシーク時間と $\boxed{e}$ からなる。平均 $\boxed{e}$ は，ディスクの1回転に要する時間の $\boxed{f}$ になる。

(2) フロッピディスク装置では，1トラックを $\boxed{g}$ という単位に分割して情報の読み書きを行う。

(3) 光ディスク装置には，いったん書き込むと書換えができない $\boxed{h}$ と，磁気を利用して情報を繰り返し書込みができる $\boxed{i}$ などがある。また，半導体メモリを使用した装置に $\boxed{j}$ がある。

【7-3】転送サイクル60 nsで，1サイクルに32ビットのデータ転送を行うDMAの最大転送速度（MB/s）を求めよ。

第8章
ネットワークアーキテクチャ

本章の内容

8.1 コンピュータネットワーク
    8.1.1 ネットワークの基本
    8.1.2 コンピュータ複合体
8.2 分散処理アーキテクチャ
    8.2.1 密結合と疎結合
    8.2.2 高信頼性化アーキテクチャ
8.3 データ通信制御
    8.3.1 データ通信の形態
    8.3.2 データ通信システムの構成
まとめ
演習問題

ネットワークの構造と機能,考え方を体系化したものをネットワークアーキテクチャという。ここでは,コンピュータアーキテクチャの立場から,コンピュータネットワークと分散アーキテクチャの基本,データ通信制御について述べる。

8.1 コンピュータネットワーク

8.1.1 ネットワークの基本

コンピュータネットワーク（computer network）は，ネットワークの機能を利用して，コンピュータを相互に接続した通信網で，複数のコンピュータを結んで，処理の分散やデータの共同利用によって，コンピュータを効率的に利用できるシステムでもある。コンピュータに多数の遠隔端末（remote terminal）を接続する構成を垂直分散，コンピュータどうしを通信回線で接続する構成を水平分散と呼ぶ。垂直分散はサーバ（server）として大型の汎用コンピュータで構成される。最近では水平分散が主流で，LAN（local area network）やネットワークどうしを接続して構成されたインターネットでパソコン，ワークステーションなどによる分散処理システム，クライアント・サーバシステムの利用が盛んである。情報の交換では電子メールが浸透している。

以下，ネットワークについての基礎知識を述べる。

A. 通信回線

通信回線は，コンピュータやデータ端末装置の間でのデータ伝送路で1対（2本）以上の伝送線で構成される。通信回線が1対（2本）で構成されるものが**2線式回線**，2対（4本）で構成されるものが**4線式回線**である。

(1) 専用回線

回線をNTTから借用して，自社専用の通信回線として利用する。高速回線が定額料金で常時接続状態で利用できる。

(2) 公衆回線（交換回線）

① 加入電話サービス

一般家庭用電話サービスで，アナログ回線による音声伝送用電話網である。インターネットを利用するには，アナログディジタル変換装置モデム（MODEM）を使う。最大56 kbps転送であるが，最近では，高速で常時接続のブロードバンド（broadband）サービスとしてADSL（asymmetric digital subscriber line）が主流になりつつある。ADSLは1.5 Mbps〜40

Mbpsのスピードを提供する。

② 回線交換サービス（**DDX-C**：line switching service）

DDX（digital data exchange）サービスの一つで高品質の通信が可能で従量料金制をとる。通信の手順は，ⓐ通信に先立って通信先指定で回線を接続し，ⓑ以降のデータ伝送は専用回線と同様に回線を専有，ⓒデータ伝送終了後，切断する。

③ パケット交換サービス（**DDX-P**）

パケットは小さな包みを意味する。通信に先立って通信先指定で論理的な回線を接続する。長い情報を短く切って，パケットとして宛名を付けて送る。空いている回線を利用するため回線交換方式より使用効率がよいのが特徴である。不特定多数の相手と少量のデータ通信をするのに適する。

④ **ISDN**（integrated services digital network）

サービス統合ディジタル網（ISDN）といい，音声，画像，文字，符号を一つのディジタル回線で通信が可能である。基本インタフェースは，INSネット64と呼ばれ，伝送速度が1544 KbpsのインタフェースはINSネット1500と呼ばれている。64 KbpsのBチャネル，16 KbpsのDチャネル，384 Kbps，1536 bps，1920 bps，のHチャネルで構成されている。INSネット64は2本のBチャネルと1本のDチャネルで構成され2B+Dと表す。

B．通信速度の単位

データ通信の速度を表す単位には3種類ある。

(1) **bps**（ビット／秒）

bps（bit per second）は通信速度を表す単位で，1秒間に伝送できるビット数を示す。

(2) ボー

ボー（baud）は変調速度を表す単位で，1秒間に変調できる最大変調回数を示す。

(3) 文字／秒，文字／分

文字／秒，文字／分は伝送速度を表し，1秒間または1分間に伝送できる文字数を示す。

C. 伝送方式

データの流れる方向により次の三つの通信方式に分けられる。

(1) 単方向伝送 (simplex transmission)

一方向のみのデータ伝送である。データ収集端末，表示装置などがある。

```
送信 ──2線式回線──→ 受信
```

(2) 半二重伝送 (half duplex transmission)

両方向同時伝送は不可能で，送受の切替えにより両方向の通信が可能となる。トランシーバや照会応答システムなどがある。

```
送信        2線式回線        受信
受信 ←──────────────→ 送信
```

(3) 全二重伝送 (双方向) (full duplex transmission)

同時に両方向伝送が可能である。

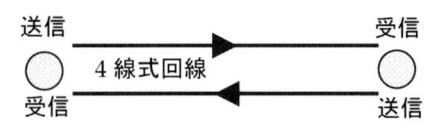

```
送信 ──4線式回線──→ 受信
受信 ←─────────── 送信
```

D. LAN (local area network)

同じ建物内や敷地内など比較的狭い範囲内でのネットワークである。

資源の共用，情報交換などが目的であり，無線 LAN が普及しつつある。LAN のおもな型を図 8.1 に示す。コンピュータでは，バス型が多く使用されている。

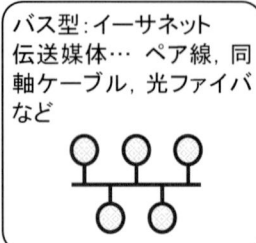

| スター型：すべての機能が1カ所に集中する。ケーブル全長が長い | バス型：イーサネット　伝送媒体…ペア線，同軸ケーブル，光ファイバなど | リング型：情報の流れが一方向 |

図 8.1　LAN の構成

8.1.2 コンピュータ複合体 (computer complex)

複数のプロセッサに負荷を分散して処理する方法を分散処理 (distributed processing) と呼ぶ。コンピュータネットワークはコンピュータシステムを通信線で相互に結合した構成をとり，分散処理を目的とする。その狙いを次に述べる。

(1) 資源の共用→処理機能の充実，経済性の向上
(2) 分散処理→処理効率／経済性の向上
(3) 資源の分散と共用→信頼性／稼働率／RAS の向上
(4) 回線の有効利用
(5) システム構成の柔軟性／拡張性の向上
(6) システム維持管理の容易さ

> ネットワークアーキテクチャ(network architecture)：
> 　　　　ネットワークの構造や機能を規定し，体系的に明示したもの
> プロトコル(protocol)：通信規約，ファイル転送，伝送手順，通信速度など

サービスを要求する側をクライアント (client)，提供する側をサーバ，ネットワークに接続されたコンピュータや機器，端末などの総称をノード (node) という。ネットワークで接続されたクライアント・サーバシステムはさまざまな機能を提供するため，コンピュータ複合体とみることができる。学校，オフィスのみならず，一般家庭でもこのようなコンピュータ複合体が構築できる。

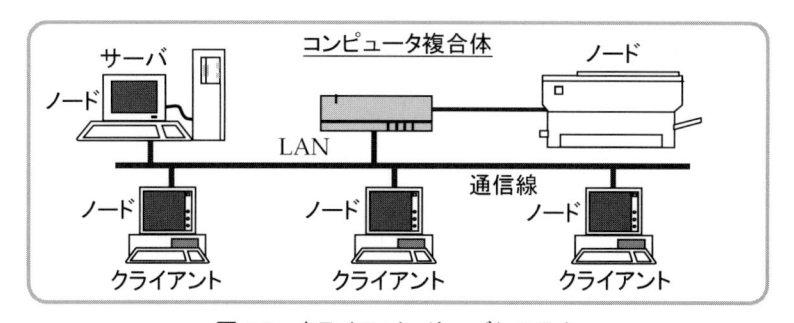

図 8.2　クライアント・サーバシステム

A. 仮想端末（virtual terminal）

コンピュータネットワーク上には多種多様な端末が存在し，接続先のコンピュータが，サポートできない状況も生じる。そこで，サポートしていない端末のイメージを仮想端末プロトコルとして設定しておき，これを利用して各コンピュータの端末イメージに変換することにより接続を可能とする方式である。論理端末（logical terminal）とも呼ばれる。仮想端末プロトコルはプレゼンテーションレイヤ（layer）に定められる。例として，仮想端末アクセス法（VTAM：virtual terminal access method）や **TCP**（transmission control protocol）**/IP**（internet protocol）で利用できる TELNET（teletype network）などがある（図 8.3）。

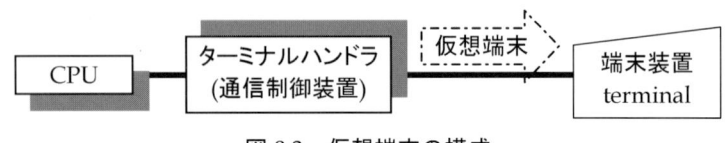

```
┌─────┐   ┌──────────────┐  ┌- - - - -┐  ┌──────┐
│ CPU │───│ ターミナルハンドラ │──│ 仮想端末 │──│端末装置│
│     │   │ (通信制御装置)    │  └- - - - -┘  │terminal│
└─────┘   └──────────────┘              └──────┘
```

図 8.3　仮想端末の構成

B. 仮想ネットワーク

インターネットは，多数のネットワークが相互接続された構成をとり，ユーザは，ネットワークの構成を意識することなくあたかも一つのネットワークとして利用している。このようなネットワークを**仮想ネットワーク**と呼び，二つの基本プロトコル TCP/IP で相互接続を可能としている。

TCP は送信側と受信側のコネクション（論理的な通信路のこと）を確立してからデータ転送を行うコネクション型通信をサポートすることにより信頼性の高いデータ転送を可能としている。

一方，IP はネットワークを相互接続する機能を持ち，データを相手方に一方的に送信するコネクションレス型通信をサポートしていて，高速なデータ通信を可能としている。インターネットに接続されたコンピュータには，固有の IP アドレスが割り振られる。DNS（domain name system）サーバは英数字で表現された電子メールアドレスを IP アドレスに翻訳する役目を持っている。IP アドレスは 32 ビットの長さで通常は 8 ビットごとに区切って，それぞれを 10 進数で表す。

　　例）　255.255.0.0

C. 通信機能の階層構成

異なったコンピュータ間の接続を可能にする世界標準のネットワークアーキテクチャとして，ISO（国際標準化機構）（international organization for standardization）が設定した基本モデルを OSI（開放型システム間相互接続：open systems interconnection）参照モデルと呼ぶ（図 8.4）。

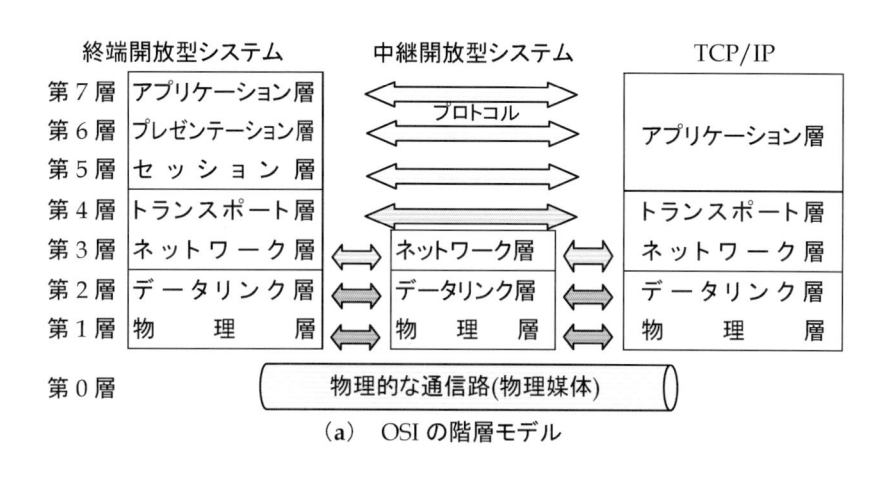

	終端開放型システム	中継開放型システム	TCP/IP
第7層	アプリケーション層	プロトコル	アプリケーション層
第6層	プレゼンテーション層		
第5層	セッション層		
第4層	トランスポート層		トランスポート層
第3層	ネットワーク層	ネットワーク層	ネットワーク層
第2層	データリンク層	データリンク層	データリンク層
第1層	物理層	物理層	物理層
第0層		物理的な通信路(物理媒体)	

(a) OSI の階層モデル

第7層	アプリケーション層	：業務処理機能の提供	サービス 電子メール，ファイル転送など
第6層	プレゼンテーション層	：抽象的なメッセージと転送可能な構文との変換	
第5層	セッション層	：通信の確立/解放，や同期/送信権の管理など，通信の制御	
第4層	トランスポート層	：伝送制御手順の実施	プロトコル TCP/IP など
第3層	ネットワーク層	：ネットワーク経路の設定	
第2層	データリンク層	：物理的な通信路の確立	ハードウェア HUB
第1層	物理層	：コネクタ形状，電気特性変換，通信媒体の条件	

(b) 各層の機能

図 8.4 OSI 参照モデル

インターネットの標準プロトコルとしては，TCP/IP があり，こちらは業界標準（デファクトスタンダード）として用いられている。

8.2 分散処理アーキテクチャ

　複数のコンピュータをネットワークで接続したシステムは分散処理システムとも呼ばれる。代表的なシステムとして，クライアント・サーバシステムがあり，そのオペレーティングシステム（OS）をネットワークオペレーティングシステム（NOS：network operating system）という。クライアントからサーバへの通信要求に対して，決められた手順に従い NOS がデータの送受信を行う。
　UNIX，パソコン LAN での，NetWare，LAN Manager，Windows NT が NOS の代表的なものである。
　分散処理には負荷分散と機能分散がある。負荷分散は，処理能力の向上が目的で，ネットワークで接続されたコンピュータ間で処理を分割して実行する。処理の同時実行が可能なことから，並列処理とも考えられる。インターネットでつながったコンピュータを利用すれば，スーパコンピュータに匹敵する能力が得られる。高速処理を目的とした分散処理では，並列処理も行うため，並列・分散処理とも呼ばれる。機能分散は，プリント機能，データベース機能など特定の処理を分担して行う。パソコン LAN の分散処理は，機能分散の代表である。
　ここでは，コンピュータアーキテクチャからみた分散処理アーキテクチャを述べる。

8.2.1 密結合と疎結合

　一般的なネットワークは通信網のことであるが，分散処理として捉えるとコンピュータ内部も CPU と主記憶，チャネルを接続したシステムバス網で構成されている。パソコンでは，システムバスに USB，IEEE1394 などが直接接続され，異なるコンピュータどうしを USB で接続することも可能である。LAN と同様の機能がサポートされる。従って，コンピュータ内部のメモリを中心としたネットワーク（システムバス網）のシステム構成も分散処理システムと呼ぶこともできる。
　密結合と疎結合はコンピュータ特にプロセッサを中心とした構成であ

るが，多くのコンピュータシステムは，どちらかの構成に分類できる．

A. 密結合

メモリにCPUがn個接続された構成である．メモリは各CPUに共有され，お互いにデータ交換が直接できることから，密結合と呼ばれる．CPUまたはプロセッサの数が2個（$n=2$）の多重系システム構成は，密結合マルチプロセッサシステム（TCMP：tightly coupled multiprocessor system）と呼ばれる．密結合のもう一つの要件は，密結合全体を一つのOSが管理していることである．OSはプログラムの実行管理，CPUのスケジューリングなどを行い，機能分散と負荷分散処理をサポートする（図8.5）．

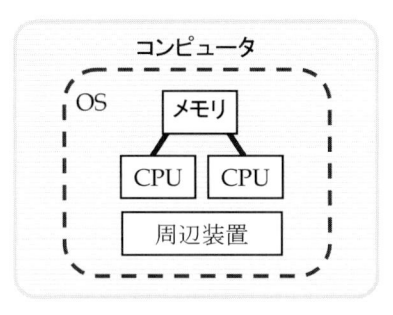

図8.5 密結合システム

B. 疎結合

コンピュータ単位でネットワークを介して接続された構成である．LANシステムでもある．疎結合では，各コンピュータにNOSが搭載され，各OSで通信しながら処理を進める．コンピュータは異機種でもよく，OSも異なってもよい（図8.6）．本来は，コンピュータを外部バスで接続した構成であった．ファイル共用型多重系システム構成を疎結合マルチプロセッサシステム（LCMP：losely coupled multiprocessor system）と呼ぶ．

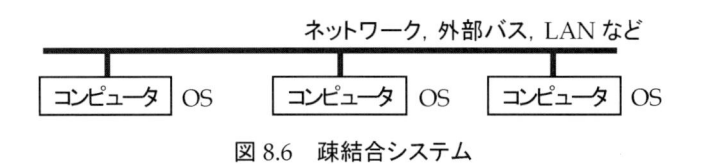

図8.6 疎結合システム

8.2.2 高信頼性化アーキテクチャ

高速処理を目的とした分散処理では並列処理も行うため，並列・分散処理とも呼ばれる。並列・分散処理では，データ処理能力の向上（高速処理能力）と同時に危険分散機能（高信頼性）がある。多重系システムでは，冗長性があり，どちらかに異常が発生すれば，一方で代替処理が可能となる。このようなシステムはフォールトトレラントシステム（fault tolerant system）と呼ばれる。

高信頼性システムの構成には，冗長性を持たせるレベルが存在する。以下，アーキテクチャ面でいくつかの考慮する点を述べる。

① どのレベルで冗長性をもたせるか

システムに異常が発生した場合，誤り状態を正確に検出するレベルには素子レベル，装置レベル，CPU レベル，OS，コンピュータレベルなどが考えられる。

例えば，メモリ素子では，LSI やメモリ素子レベルにビット単位で冗長性を持たせ，固定障害になった場合は，そのビットの使用を止めて別のビットを代替で利用できる方法が採られている。ハードディスクでは，誤り箇所を自動的にシステムから切り離すことや装置そのものに冗長性を持たせる RAID システムなどがある。CPU レベルでは，マルチプロセッサシステム，システムレベルでは，多重系システムなどが考えられる。

② コスト面で最良の方式を選ぶ

ECC 付きのメモリは，高価で通常安価なパソコンでは使われていない。また VLSI やマイクロプロセッサ内部の CPU バスやレジスタ類，システムバスなどには，コスト面からパリティビットも付いていない場合が多い。一方コスト面である程度余裕のある汎用コンピュータなどは，多くの場合信頼性を重視して CPU バスやシステムバスにパリティビットを付けることが可能である。

③ 性能をどこまで犠牲にできるか

冗長性を持たせることは，性能をある程度犠牲にすることを意味する。パリティチェックやハミングチェックなどは，CPU 処理時間に影響を与えクロックサイクルが伸びる場合も出てくる。

8.3 データ通信制御

コンピュータ間でのデータ伝送（data transmission）を行うことをデータ通信（data communication）と呼ぶ（図8.7）。

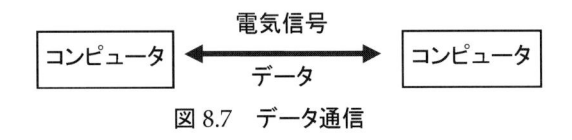

図 8.7 データ通信

データ通信もアーキテクチャに深い関係がある。代表的なデータ通信の形態はオンラインシステムである。以下，代表的なシステムを示す。

8.3.1 データ通信の形態（オンラインシステム）
A．リモートバッチ処理
回線で接続されたリモート端末からジョブの投入を行い，処理結果を端末に出力するシステムである（図8.8）。

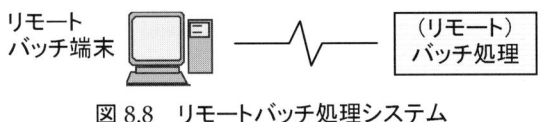

図 8.8 リモートバッチ処理システム

B．会話型処理システム
センタのコンピュータと会話しながら処理を行うシステムで，CAD システムなどがある（図8.9）。

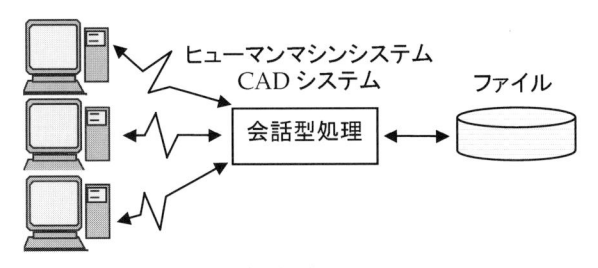

図 8.9 会話型処理システム

C. データ収集システム

端末からのまとまったデータをセンタに集め，バッチ処理を行うシステムで，売り上げデータや店頭 POS 端末から直接データ収集を行う場合もある（図 8.10）。

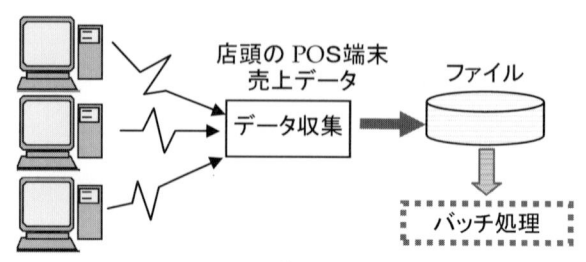

図 8.10　データ収集システム

D. 問合せ応答システム

端末から必要なデータの問合せを行う。データベースの更新はバッチで行われるシステムである（図 8.11）。

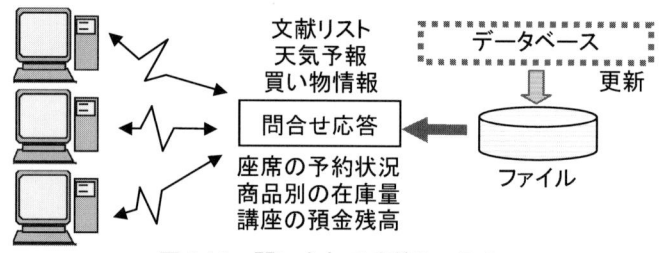

図 8.11　問い合わせ応答システム

E. データ分配システム

集めたデータをバッチ処理して端末に分配するシステムである（図 8.12）。

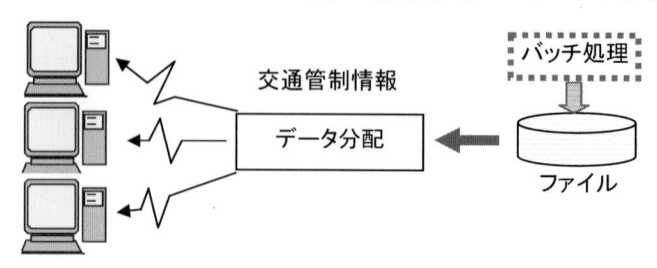

図 8.12　データ分配システム

F. メッセージ交換システム

コンピュータを介して情報の交換を行うシステムで銀行為替交換システムなどがある（図 8.13）。

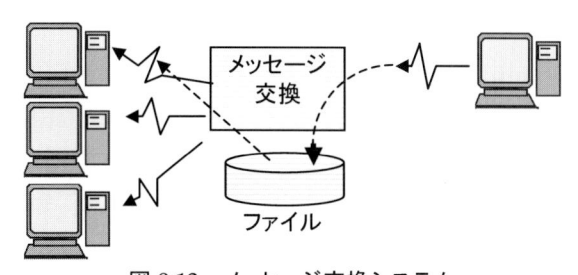

図 8.13　メッセージ交換システム

8.3.2　データ通信システムの構成

伝送システムとコンピュータを組み合わせるシステムをデータ通信システムといい，図 8.14 に一般的な構成を示す。

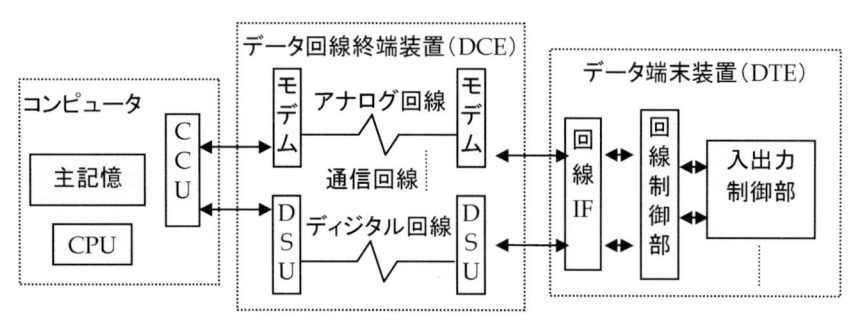

図 8.14　データ通信システムの基本構成

A. データ回線終端装置（DCE）

アナログ回線，ディジタル回線などの通信回線をコンピュータや端末に接続する装置を総称してデータ回線終端装置（DCE：data circuit terminating equipment）と呼ぶ。DCE にはモデム，DSU（ディジタル回線終端装置：digital service unit）などがある。

(1) モデム（MODEM：modulator demodulator 変復調装置）

モデムは，通信回線の交流信号を利用したデータ伝送に用いられる変復調装置である。変調とは直流信号を交流信号に変更することであり，復調は交流信号から直流信号を取り出すことである。

① 直流信号

電圧が高い（high または plus）状態を"1"，電圧が低い（low，zero，minus）状態を"0"とする（図 8.15）。

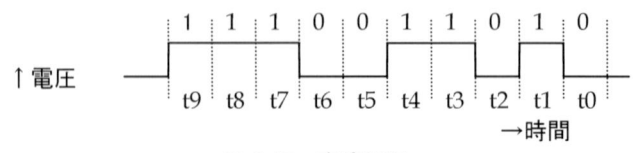

図 8.15　直流信号

高速化の方法は①時間 t の間隔を縮小する，②信号線の数を増やすことである。直流信号の長所は電子回路が簡単であることで，短所は高速遠距離間データ転送に適さない。信号電圧の減衰，減衰信号の増幅不可，誘電電圧による雑音の混入，雑音源となるなどの問題がある。

② 交流信号

途中で増幅可能であり，高速遠距離間のデータ通信に向いている。誘電電圧による雑音の影響が少ない，他の通信回線に対する雑音源にならないなどの特徴があり，高い周波数の交流（キャリア carrier：搬送波）に直流信号を乗せ交流信号にして運ぶ方法がある。例えば，ラジオ放送，無線電話などでは，高い周波数の電波を使って低い周波数の音声を運んでいる。

③ 変調（modulation）

キャリアに直流信号を乗せて，交流信号を作り出す。変調方式には，AM（amplitude modulation：振幅変調），FM（frequency modulation：周波数変調），PM（phase modulation：位相変調）がある。

④ 復調（demodulation）

交流信号を受信して，キャリアに乗ってきた直流信号を取り出す。

⑤ モデムの構成

コンピュータ，端末間にアナログ通信回線を介して接続する（図 8.16）。

図 8.16　モデム

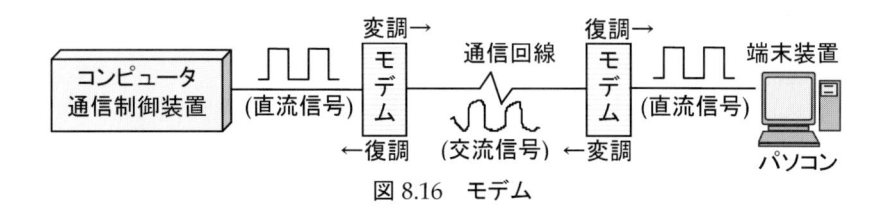

(2) ディジタル回線終端装置（DSU）
ディジタル回線終端装置は，ディジタル回線をコンピュータや端末に接続する装置である。

B. データ端末装置（DTE : data terminating equipment）
通信機能を持つ端末をデータ端末装置という。
(1) 回線インタフェース
端末装置の内部信号レベルとモデム側信号レベル間のレベル調節（信号時間，電圧などを変換）する。
(2) 回線制御部
データビットの直並列変換，伝送制御，文字，ブロックの組立てとエラーチェックを行う。

C. 通信制御装置（CCU : communication control unit）
通信回線とコンピュータとのインタフェース処理を行う。扱うデータの単位は文字，ブロック，メッセージなどである。CCU に専用のコンピュータを使用する場合があり，その専用コンピュータを FEP（front end processor : 前置コンピュータ）と呼ぶ（図8.17）。

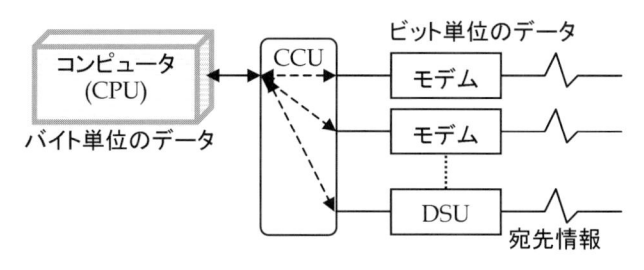

図 8.17　CCU と通信回線

CCUのおもな機能を次に述べる。
(1) 直並列変換
コンピュータが扱うデータはバイトやワード単位で，通信回線はビット単位のデータ伝送を行うため，CCUはCPUへはデータの並列変換を，通信回線側には直列変換を行う。
(2) 回線の選択
回線がアナログ回線の場合は，モデムを，ディジタル回線の場合は，ディジタル網用回線終端装置（DSU）を選択する。
(3) エラーチェック
文字（7，8ビット）単位のパリティチェックとブロック（数十文字）単位の群チェックを付加する。
(4) 同期／伝送制御
伝送制御符号の検出を行い，同期をとりながら文字コードの符号変更（分解と組立て），伝送誤りの検出や訂正も含めてデータの送受信を行う。

D. 接続方式
直結方式（ポイントツーポイント接続方式），分岐方式（マルチポイント接続方式），集配信方式（多重化通信方式），必要時にダイヤル接続とデータ転送を行う交換方式などがある。多重化通信方式では，遠距離を高速通信回線で，近距離を低速通信回線で接続，複数の低速回線のデータを一つの高速回線で接続する。

E. 同期と伝送制御手順
(1) 同期方式
データ伝送を行う場合はデータの送受信のやり方（開始，到着検出）をあらかじめ決めておき，その約束ごとに従い同期をとって制御していく方式である。
① 調歩同期式
1文字伝送の開始を0，終了を1と決めておく方式で，1文字転送に2ビットを必要とするため効率が悪く低速伝送に利用される。

| スタートビット(0) | 1文字分のデータビット | ストップビット(1) |

② 連続式（SYN同期式）

SYN同期方式では，文字データの開始を表す伝送制御符号SYN（同期信号：synchronization）を設定しておき，SYN信号受信後は1文字単位にデータを連続して取り込む処理を行う方式である。その他の符号には，STX（テキスト開始：start of text），ETX（テキスト終了：end of text）などがある。

| 文字 | 文字 | 文字 | .... | SYN | → |

(2) 伝送制御手順

データやりとりの手順は，
- ① 回線の接続
- ② データリンクの確立
- ③ データのやり取り
- ④ 終結
- ⑤ 回線の切断

の順番で行われる。データやり取りの中で②③④を伝送制御手順といい，OSIのデータリンク層に対応している。

フリーランニング制御手順（無制御方式）や符号化された文字を送る基本型（ベーシックモード）データ伝送制御手順（BDLC）がよく使用されているが，伝送効率が悪いため，高度なネットワークには向かない。

高効率なデータ伝送には高水準伝送制御手順 HDLC (high level data link control procedures) を利用する。

相手方を確認する方式には，1対1の接続の場合は，コンテンション方式（直結方式）が，多数の装置が接続されているときは，イーサネット（ethernet) LANなどに使用されているポーリング／セレクティング方式がある。

まとめ

- 分散処理アーキテクチャには，水平分散と垂直分散がある。インターネットの普及に伴い水平分散が主流になってきている。

- 伝送方式には，単方向，半二重，全二重があり，データ伝送の性能に影響を与える。

- システムバスなどで複数の CPU やメモリを接続し，一つの OS で制御する構成を密結合と呼び，複数のコンピュータをネットワークで接続して，複数の OS で制御する構成を疎結合と呼ぶ。

演習問題

【8-1】 伝送方式には，単方向，半二重，全二重があるが，各伝送方式に対応する機器の例を挙げ，その方式に分類した理由を述べよ。例えば，「トランシーバは○○伝送方式に対応し，その理由は○○である」など。

【8-2】 コンピュータネットワークに関する次の空欄に適当な語句を入れよ。
端末から入力されたデータは，①によって直流信号から交流信号に変換され，通信回線を介して伝送される。送られてきたデータは，①によって再び交流信号から直流信号に変換され，通信制御装置を通ってコンピュータで処理される。トランシーバのように一方向ごとの通信しかできない方式を②方式といい，電話と同じように双方向同時に通信できる方式を③方式という。

第 9 章
VLSI アーキテクチャ

＊本章の内容＊

9.1 マイクロアーキテクチャ
 9.1.1 マイクロプロセッサ発展の歴史
 9.1.2 マイクロアーキテクチャ
 9.1.3 専用 VLSI アーキテクチャ
 9.1.4 RISC と CISC
9.2 VLSI 設計技術
 9.2.1 設計の自動化技術
 9.2.2 システムオンチップ設計技術
まとめ
演習問題

 この章では，マイクロプロセッサの歴史と今日のパソコンの多くに使われている汎用マイクロプロセッサの代表的なアーキテクチャ，特定分野に対応する専用 VLSI マイクロプロセッサとマイクロアーキテクチャ向け RISC について従来方式の CISC との比較を交えて述べる。また VLSI 設計は，ソフトウェア技術とハードウェア技術を踏まえたトータルなシステム設計の一環として捉える必要があり，その設計技術についても述べる。

9.1 マイクロアーキテクチャ

9.1.1 マイクロプロセッサ発展の歴史

1969年4月に日本のビジコン社が電卓用 LSI の製作を Intel 社に依頼したことから，マイクロプロセッサ（microprocessor）の歴史が始まった．

> マイクロプロッセサの誕生
> 1969-4　日本のビジコン社が電卓用 LSI の製作を Intel に依頼
> 　　　　プログラム内蔵型　12個以上の LSI で構成
> 1971-11　Intel 社がマイクロコンピュータ"4004"を発表
> 1974　　"8080"の開発　ビジコン社の嶋正利氏

マイクロプロセッサはテクノロジの発展に従い成長していく．4 ビットマイクロプロセッサでは使用されたトランジスタの数は2000程度であったが，8 ビットで1万個，16 ビットで7万個，32 ビットで数十万個へと増加していった．80486 で 100 万トランジスタの時代へ突入後は，Pentium で300万個，Pentium Ⅲで2810万個，Pentium 4 で5500万個へと拡大している．トランジスタの数の増加とともに，アーキテクチャも高機能化していった．バス幅の拡大，キャッシュメモリとパイプライン処理，並列処理の高機能，浮動小数点演算の高速化などである．

動作クロックも 8 ビットマイクロプロセッサ 8086 の 8 MHz から約 15 年掛かって Pentium で 66 MHz になり，Pentium Ⅲで 1 GHz，Pentium 4 で 3 GHz の壁を破って成長している．

本格的なマイクロプロセッサは，8086 からで x86 ファミリとして，以後発展していく．x86 ファミリは，アーキテクチャの進歩に従い，第 1 世代の 8086 から始まり，以降 第 2 世代 80286，第 3 世代 80386，第 4 世代 80486，第 5 世代 Pentium，第 6 世代 Pentium pro へと進歩している．

x86 ファミリアーキテクチャは，当初 8 ビットアーキテクチャ，64 KB アドレス空間から始まり，16 ビットアーキテクチャ，32 ビットアーキテクチャへと変遷していく．x86 命令の互換性を維持して，新しい機能を追加している．x86 ファミリマイクロアーキテクチャの変遷を図 9.1 に示す．

9.1 マイクロアーキテクチャ

　x86 アーキテクチャは，パソコンで使用されるようになってから，特に OS Windows 95 が搭載された Pentium プロセッサ以降に著しく発展した。
　Pentium では，システムバスの 64 ビットへの拡大，2 命令パイプラインのスーパスカラ，マルチメディア処理の高速化を図った MMX 命令のサポートなど，また第 6 世代の先頭を切った形の Pentium pro では，36 ビットアドレスバス，スーパパイプライン，2 次キャッシュの組込み，プログラムの実行順序に関係なく命令を実行するアウトオブオーダ，レジスタの競合を回避するレジスタリネームなど多くの漸進的機能を盛り込んだ。
　Pentium Ⅲ では，複数の浮動小数点をまとめて処理する SSE (streaming SIMD extensions) 機能を，Pentium 4 では，ソフトウェアから二つの CPU に見え，一つのプロセッサでマルチプロセッサと同じ働きをする hyper-

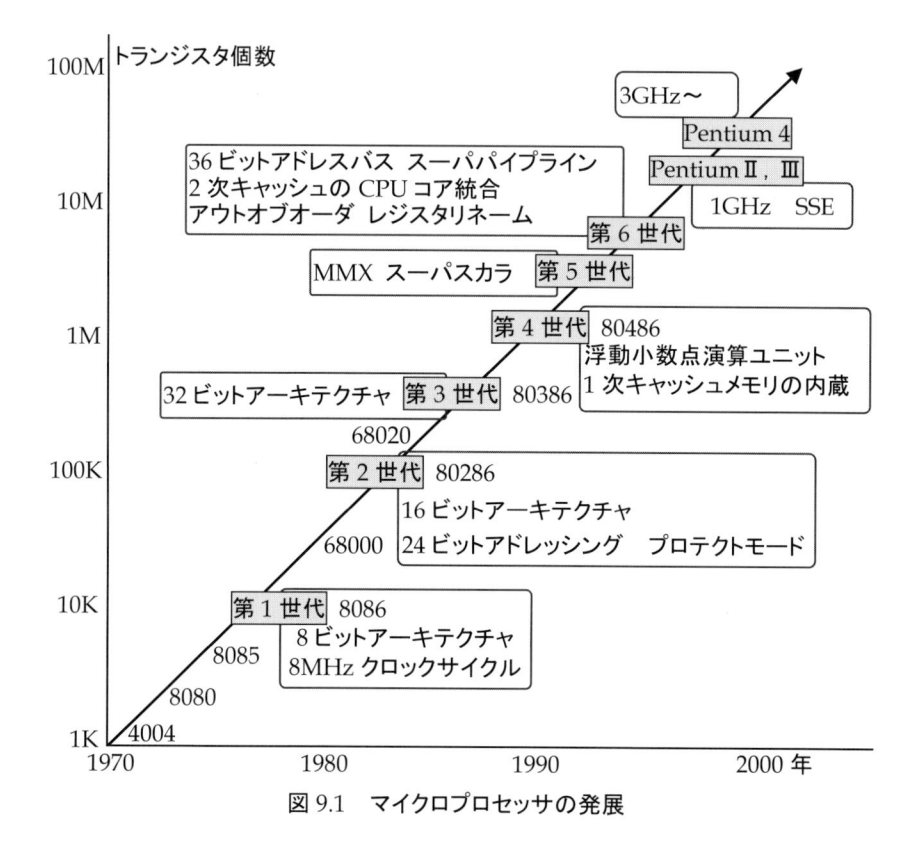

図 9.1　マイクロプロセッサの発展

threading 機能などへと発展している。

9.1.2 マイクロアーキテクチャ

　汎用マイクロプロセッサはパソコンに採用されCPU機能の役割を担う。別の考え方をすれば，マイクロアーキテクチャはCPUアーキテクチャの延長線にあり，CPU機能が1チップに収められたものである。パソコンは大型機に比べて低価格であり，機能の実現は限られたトランジスタの箱の中で構成されるため，チップ内からはみ出す場合は，機能を削るか，性能を犠牲にするかの選択を迫られる。

A．PCアーキテクチャ

　パソコン（PC）のアーキテクチャをPCアーキテクチャと呼ぶ。汎用マイクロプロセッサはパソコンのCPU機能と位置付けられ，PCアーキテクチャに影響を与える。図9.2にパソコンのマルチプロセッサ（MP）構成を示す。

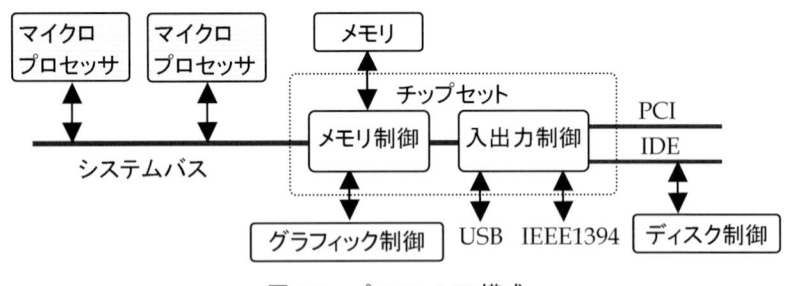

図 9.2　パソコン MP 構成

　パソコンでは，システムバスがマイクロプロセッサと外部とのインタフェースをとる。Pentium IIIまでは64ビット幅であったが，Pentium 4から128ビットに拡大されている。システムバスはメモリ制御に接続され，主記憶とCPU，入出力とのデータの交通整理を行う。入出力制御はPCI，IDE，USBなどすべての入出力バスや標準の入出力インタフェースと入出力機器との間の入出力動作を行う。グラフィック制御はAGPなどと呼ばれ，高速データ転送を行う専用のコントローラである。メモリ制御や入出

力制御は，専用のチップで構成されるため，チップセットと呼ばれる。メモリチップや CPU 仕様の変更では，チップセットも新たに設計される。

B. マイクロアーキテクチャの特徴

マイクロプロセッサアーキテクチャの特徴は，x86 互換命令にある。機能拡張は，x86 上位互換性を維持している。さらに，高速性を追求するために CISC アーキテクチャベースの x86 命令を内部で RISC 風命令に変換してマイクロ命令（μ op）として実行している。CPU 内部はマイクロ命令（μ op）レベルでの高速化処理を行う改良が行われている。以下，マイクロアーキテクチャの特徴を Pentium 4 を例にみてみよう（図 9.3 参照）。

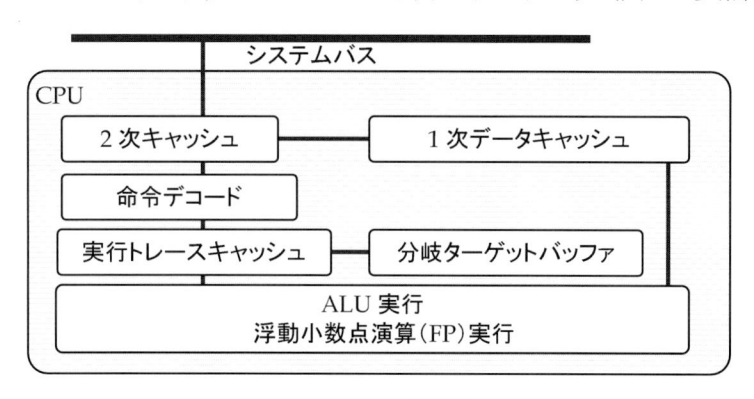

図 9.3　CPU 構成例

（1）システムバス幅の拡大

80486 までの CPU のシステムバス幅は 32 ビットであったが，Pentium で 64 ビットに拡大した。さらに，Pentium 4 では，128 ビットとなった。システムバス幅の拡大は論理仕様では簡単に増やすことができるが，チップの物理的制限に依存する面が大きい。

（2）パイプライン処理の高速化

パイプラインの強化の方法として，段数を増やし 1 段あたりの処理スピードを上げて，CPU の動作クロックを上げる方式をとっている。Pentium III で 10 段のスーパパイプラインであったのを，Pentium 4 では，20 段の**ハイパーパイプライン方式**にした。CPU 動作クロックも Pentium III で 1

GHz であったのが，Pentium 4 では 3 GHz 以上と，3 倍以上高速とした。パイプラインの段数を増やすと，パイプラインのペナルティも増加する。次の二つの問題に対する対策が必要となる。

① パイプラインストール

命令のフェッチが間に合わない場合などでは，パイプラインを一時的に止める操作が必要となる。Pentium 4 では，命令キャッシュの代わりに，RISC 風命令にデコードした後のマイクロ命令（μop）を実行順で記憶しておき，命令の先取りを可能とする実行トレースキャッシュを設けている。Pentium 4 では，約 12K μop の実行トレースキャッシュを持つ。

② パイプラインハザード

分岐命令処理などで，後続のパイプライン命令処理をすべてクリアして最初からやり直す必要が出てくる。パイプラインの段数が深いほど，新規命令処理に時間がかかり全体のスループットが低下する。この影響を最小限に抑えるため，過去の分岐条件の履歴により分岐予測を行う条件分岐バッファを設けるが，この容量を増やすことで分岐予測の精度を上げ，できるだけパイプラインハザードを抑える。

(3) キャッシュメモリの強化

通常は命令キャッシュとデータキャッシュの構成をとるマイクロプロセッサが多く，この容量を増やすことで，メモリアクセスの回数を減らす。マイクロプロセッサの場合は，チップの中に入れられる容量が限定される。Pentium 4 では，1 次データキャッシュで 8 KB，2 次キャッシュで 256 KB の容量を持つ。

(4) 実行エンジンの強化

ALU 動作，浮動小数点動作の高速処理のための工夫がなされる。浮動小数点演算では，一度に実行できるビット幅の拡大により，性能向上が図れる。Pentium 4 では，浮動小数点演算命令 SSE（ストリーミング SIMD 命令）の拡張版 SSE2 を搭載して，128 ビット演算モードが追加された。64 ビットどうしの乗加算なども可能としている。

なお，Pentium Ⅲ では，32 ビット ALU であったが，Pentium 4 では，16 ビットに縮小して，そのかわり，ALU を倍速で動かす方法がとられている。

9.1.3 専用 VLSI アーキテクチャ

汎用のマイクロプロセッサはパソコンなどで使用され性能も高速となってきている。汎用マイクロプロセッサは，汎用の OS が組み込まれ動作する。汎用以外の VLSI を専用 VLSI，あるいは，特定用途向き VLSI，組み込みシステムなどと呼ぶ。VLSI は，多くの機能を 1 チップに入れることができる。適用分野別に必要な機能を選択することになる。

ここでは，情報処理システムの一部，あるいはコンピュータシステム機能を持った VLSI アーキテクチャを考える。

A. 専用 VLSI の適用分野
(1) 専用マシンの VLSI 化

専用のコンピュータシステムや専用の機能を持ち，従来は小規模の LSI で構成されていたものの 1 チップ化である。通常の LSI では論理回路のみで構成されるのが普通であるが，メモリ機能を盛り込んだマイクロプロセッサが考えられる。家庭電化製品，制御システム，スーパコンピュータやデータフローマシンなど多くのものが VLSI 化の対象となる。

(2) 新しい分野の VLSI 化

ロボット制御，知的情報処理分野，人工網膜などの医療情報処理分野，宇宙開発などコンピュータシステムそのものと異なる機能の実現を必要とする分野である。米国では，米粒大の大きさの医療情報を格納する体内チップが実用化されている。患者の名前や病歴，服用している薬などの情報をチップから出る微小電波をスキャナで読み取る仕組みである。

B. 専用 VLSI 向けアーキテクチャ

VLSI 化アーキテクチャでは，VLSI の特性を考慮する。VLSI チップの中に入れる基本機能の要件を次に示す。

(1) 機能はできるだけ単純なものに

VLSI の性能は，クロックサイクルで決まる。クロックサイクルの高速化のためには，1 クロックあたりの論理回路の段数が少ないほうが有利である。複雑な回路を組み込むと論理ミスも生まれやすくなる。この点を考えると RISC アーキテクチャは VLSI に向いている。

(2) 互換性問題を引きずらないアーキテクチャ

過去の命令セットを引き継ぎしない方式とする．VLSI でソフトウェアの互換性を吸収すると，VLSI アーキテクチャが複雑になる．命令セットの互換性は，性能を犠牲にしてもよいから，マイクロプログラム，エミュレーション，シミュレーションで対応する．新規分野であっても，同様に互換性問題が発生し難いアーキテクチャを優先的に考慮する．

(3) ソフトウェアとハードウェアのトレードオフ

チップ面積，価格，性能などをアーキテクチャ設計の初期段階からシミュレートして，システムとしてのトータルバランスを考える．

(4) ノイマン型アーキテクチャにこだわらない

専用 VLSI システムでは，主記憶にプログラムを内蔵する概念をなくして考える．専用 VLSI システムチップの中で，すべて動作が完結するアーキテクチャとする．

9.1.4 RISC と CISC

VLSI 化ではチップに入る回路が有限なため，命令を単純化して，クロックサイクルを向上させるなどの工夫が必要となる．その一つの方法として RISC アーキテクチャがある．従来からある CISC と比較をする．

A．CISC（complex instruction set computer）

汎用コンピュータからワークステーションまで，長いコンピュータの歴史の中で使用されてきたアーキテクチャで，命令の種類が多く，マイクロプログラムアーキテクチャをとってきたコンピュータを CISC と呼ぶ．

CISC は一つの命令の中にできるだけ多くの処理を実現するための機能を盛り込み，複雑な命令セット，多種多様な命令セットを特徴とし，メモリ動作を高速に処理するビジネス分野向きの命令セットアーキテクチャといえる．また CISC では，マイクロプログラムを基本としたため，マイクロプログラムのアクセスタイムがコンピュータの性能を決める要因にもなっている．CISC は，ハードウェアの回路を単純化してコンピュータの制御をマイクロプログラム（ソフトウェア）にゆだねる方式をとっているため，新しいコンピュータアーキテクチャの開発には都合がよい点もあった．

CISCの特徴をまとめると以下のようになる。

CISCの特徴

① 汎用目的に対応するために，命令の種類が豊富である。新機能の追加は，常にソフトウェアとの上位互換性を維持する傾向にあり，命令セットはますます大きくなる。
② 複雑な命令を小型機から大型機に至るファミリとして実現するために，マイクロプログラム制御を活用することが多い。
③ 利用者が機械語で直接プログラムするケースも考慮して，種々の機能への利用者のアクセスを許しており，このため保護を十分に配慮することが要求されている。
④ 豊富なプログラムの機能のためにハードウェア(H/W)規模も大きく，複雑となり，設計も難しい。
⑤ 一つの命令で多くの処理を実現できるため高機能／高性能化に向いている。
⑥ パイプライン処理，並列処理では，命令間の複雑な競合状態を考慮して正当性を考えなければならず，制御が複雑となる。

B. RISC（reduced instruction set computer）

(1) 歴史的背景

RISCの生まれた歴史的背景を知ることでRISCの目標が見えてくる。ここでは，RISCの代表的な例としてRISCアーキテクチャのミニコンピュータとして1979年に試作されたIBM801と，IBM 801と思想的には同じであるが，カリフォルニア大学 Patterson 教授らによって開発された VLSI 化 RISC プロセッサであるRISC I／II開発の歴史的背景を紐解いてみる（表9.1）。

(2) 代表的なRISCアーキテクチャの特徴

IBM 801は，ワイヤードロジックですべての命令を1マシンサイクルで実行することを目標としている。メモリ間の演算をできるだけ少なくして，性能的メリットを得やすいレジスタ間の演算中心の命令セットアーキテクチャも特徴である。RISC I／IIは CPU 機能を1チップ VLSI 内に入れるために最適なアーキテクチャを実現することを目標にしている。遅延分岐

命令やコンパイラとの組合せにより性能向上を図る斬新な考え方は，現在のパソコンに引き継がれている．

表 9.1　代表的 RISC アーキテクチャの特徴

IBM 801 ミニコンピュータの特徴	RISC Ⅰ／Ⅱの特徴
① コンパイル時に処理できない基本的な機能やオブジェクトコードで実現するよりは，命令を用意したほうが効率上有利となる機能のみを命令とする ② H/W 実現したほうが S/W で実現するより効率が良い機能を命令とする ③ 命令は 1 マシンサイクルで実行する ④ コンパイラと合わせて処理することにより高い性能を実現する ⑤ マイクロ命令そのものをプロセッサの命令とし，マイクロプログラム制御を使用しないで，すべてワイヤードロジックで処理する ⑥ パイプライン方式を徹底的に採用し，高速化を図る ⑦ キャッシュメモリは命令用とデータ用とに分離して，おのおの独立に動作できるようにして，実効速度を 2 倍とした ⑧ メモリへのアクセスは読出し，書込みのみとし，演算はレジスタ間で行う ⑨ 利用者の機械語によるアクセスを禁止し，OS も高級言語で作成する ⑩ 命令は 32 bits 固定長とする ⑪ レジスタは 32 個で 3 オペランド命令とする．また，ビット操作命令を用意してマイクロ命令に匹敵するような命令を強化した．IBM 801 と IBM 370 とをサンプルプログラムで比較した結果，ダイナミックステップ数で 29%，データフェッチのためのメモリアクセス回数は 50% 減少したと報告されている	(1) VLSI プロセッサの留意点 ① VLSI チップ内と外では配線遅延時間が大きく異なるためまとまった機能をチップ内に集積する必要がある ② VLSI でもチップ面積は物理的にも経済的にも限界があるので，最小限の H/W で実現する必要がある ③ 設計の容易化，設計期間の短縮，設計ミスの削減，テストの容易さなどに留意しなければならない (2) RISC Ⅰ／Ⅱの特徴 ① 遅延分岐命令の採用 　　分岐命令によるパイプラインの乱れを防ぐために遅延分岐 (delayed Jump) 命令を導入した．分岐命令の結果が出るまでの時間を有効に利用するためにコンパイラの責任において分岐に直接影響のない命令を挿入し，結果としては無効なステップの減少を図る．サンプルコーディングの結果では 80%～90% の場合について再配置が有効であったと記されている ② レジスタウィンドウ 　　RISC Ⅰ／Ⅱの最も特徴的な機能である．サブルーチンに用意されたデータの退避／回復用レジスタ群をウィンドウと呼ぶ．プログラムを解析した結果，実効時間の約 30% がプロシジャー（手続き）の call/return を占めていて，そのオーバヘッドの大きな原因はレジスタ値のメモリへの退避／回復であることがわかった

(3) RISC の定義

最近では，Pentium プロセッサに見られるように CISC 命令を実行時に RISC 風マイクロ命令（μ op）に変換する方法も採られている。一つの例として RISC を定義すると以下のようになる。

RISC の定義例

① 単一サイクル操作
　すべての命令（少なくとも 75% 以上）は 1 サイクルで実行する。
② 固定長命令形式
　命令はシステムの基本的なワード長（データバス幅）に等しい。
③ 少数命令
　・命令の数が少ない。128 を越えない。
　・命令形式の種類が少ない。4 を越えない。
　・アドレスモードの種類が少ない。4 を越えない。
④ メモリアクセス命令はロードとストアのみである。
　ロードとストアの命令を除くすべての命令は比較的大規模な（32 以上）汎用レジスタ間（CPU の中）で実行される。
⑤ 布線論理制御（ワイヤードロジック）方式である。
⑥ コンパイラの活用
　性能向上のために命令間の競合状態に合わせて，コンパイラで命令の実行順序を入れ換えるなどの処理を行う。

C. CISC と RISC の融合

RISC の概念が発表されたときには，RISC は CISC に対立する概念としての位置付けであり，RISC か CISC かの議論を呼んだ。しかし見方をかえると，RISC は CISC のマイクロ命令を延長したものと考えることができるので，互いに密接な技術的関係がある。また，現実の商用化されたマイクロプロセッサの中にも CISC では，Motorola の 68030 や Intel の 486/Pentium をはじめとして RISC の概念を取り入れている。逆に IBM の PC-RT などでは RISC の設計思想を継承しつつ CISC 的要素を取り入れている。CISC と RISC と両方の命令セットを併せ持つ Clipper などもある。

9.2 VLSI 設計技術

9.2.1 設計の自動化技術

　情報処理システムやコンピュータシステムのコンパクト化，高性能化はアーキテクチャの発展に比較して，半導体技術やマイクロプロセッサ技術の発展に依存するところが大きい．アーキテクチャの大幅な改良は望めないことから，コンピュータ開発サイクルの短期化にはコンピュータをコンピュータ開発の道具として利用する設計自動化技術が有効である．設計データの流用が容易で過去の設計財産を生かせることから VLSI 設計，回路設計，方式設計からソフトウェア開発まで適用分野が広い．

　アーキテクトのための設計自動化技術では，システムの要件を明らかにする手段が必要となる．システムの要件は，価格，性能，機能などである．システム要件が明らかになると機能実現の階層構造を作り，その機能階層構造からハードウェア，ファームウェア，ソフトウェアのトレードオフ作業を行うためコンピュータシステムをあらゆる角度から検討する手段も必要である．アプリケーションソフトウェア，システムソフトウェア，基本ソフトウェア，OS, CPU, マイクロプログラムレベルに分離して考えることも，演算アルゴリズムレベルとしても，あるいは論理回路，LSI 回路レベルでの実現の可能性も考えることがある．どのようなレベルにも対応できる自動設計技術は現実には，困難であり，ある限定された方法からのアプローチが考えられる．

　VLSI コンピュータシステムの設計では，アーキテクトはシステム設計レベルでシステム仕様を決定し，ハードウェア，ソフトウェア一体のコデザインを行い，あらかじめトータルシステム全体の仕様や機能を決めてからトップダウンで各サブシステム機能の分離作業を自動的に行うことが望ましい（図 9.4 参照）．

　システム設計レベルでアーキテクトにとって有効な手法は，モデリング手法とシミュレーション技術である．モデリング手法には，システム全体の機能を構築するシステム記述言語を道具として使用する．システム記述言語はアーキテクチャの記述と分離作業が自動的にできる．

9.2 VLSI 設計技術

そのアーキテクチャモデルを高速にシミュレートして，性能予測を行う。アーキテクチャレベルのシミュレーションはハードウェアシミュレーション，ソフトウェアシミュレーション，マイクロシミュレーションなど全体を含むため，シミュレーションには高速なコンピュータを必要とし，アーキテクチャ記述レベルを階層化する工夫もなされる。

システム設計フロー		必要技術
開発	システム製品企画	市場動向調査/分析　コンセプトデザイン
開発	システム設計：システム仕様　フィージビリティスタディ　サブシステム分割	H/W, S/W コデザイン　モデル化手法　シミュレーション　価格設定/分析　情報処理技術
開発	サブシステム設計：サブシステム仕様　CPU, I/O, … 機能設計　画像処理機能, …HDL 設計	計算機概論　各種機能技術　コピュータアーキテクチャ　HDL 機能設計技術
設計	VLSI 機能設計：VLSI 化仕様検討　VLSI 機能設計　パッケージ選択　HDL 設計　価格設定/評価	効率的手配業務　コスト計算　最適パッケージ選択技術　損益評価　ゲート数見積
設計	論理設計/検証：論理合成　HDL 設計　ライブラリ設計	論理合成　論理シミュレーション　CAD 技術　テスト容易化設計　アナログ IC 設計技術
設計	VLSI 回路設計：レイアウト設計　マスタ/スライス設計　ゲート数　ピンアサイン　ES 評価	レイアウト設計　半導体理論　チップシュリンク　プロセス技術　アセンブリ技術
製作	LSI 製作：実機性能評価　信頼性評価　コスト再見積　量産移行　客先出荷	故障解析信頼性試験・評価　ディバイス技術量産フォロー　テスト技術
製作	システム検証：機能実機検証　性能評価	大規模システム検証/評価　ソフトウェア技術　モニタ評価
	システム製品出荷	

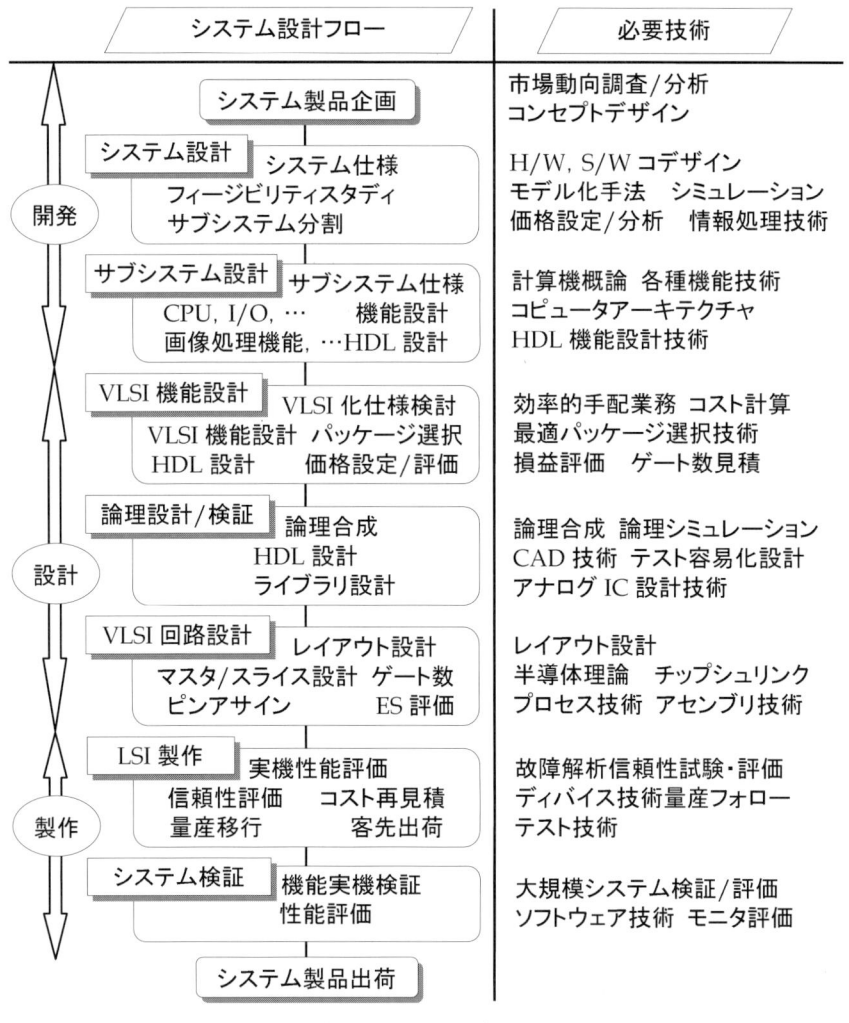

図 9.4　効率的 VLSI コンピュータ設計手法

9.2.2 システムオンチップ設計技術

CPU，メモリ，I/O 制御装置などシステムの機能を1チップに凝縮するVLSI化技術をシステムオンチップ設計技術という．通常，VLSI の中は修正が大変で，修正や変更をするには期間とコストが膨大になる．VLSI システムでは製品ができる前にシステム機能のデバッグを行うため，システム設計，アーキテクチャ設計，機能設計，論理設計，チップ設計，レイアウト設計などで自動化する．

新しい設計手法の適用として，上位レベル（設計の上流）からコンピュータを使って設計を自動化して進めるトップダウン設計手法がある．トップダウン設計手法は，GUI 設計環境で設計記述言語を使い，VLSI システムモデルの記述を行い，シミュレートしたのち，LSI 設計へ機能設計データを自動的に転送する．逆に，設計の下流（例えば LSI 設計）から設計を積み上げて行く設計手法をボトムアップ設計手法と呼ぶ．

設計記述言語には，シミュレーション向きの言語と論理設計向きの言語がある．システム記述言語としては，例えば，C 言語があり，シミュレーションから論理設計，VLSI 設計をサポートするハードウェア記述言語（HDL）には，Verilog-HDL，VHDL などがある．

C 言語を使用する場合は，システムシミュレーションは可能であるが VLSI 設計の自動化には利用できない．ハードウェア記述言語（HDL）を使用する場合は，システムのモデル化，機能設計を行い，シミュレーションによるシステムのバグを取り除いた後，同じ設計データを使い論理合成技術によりコンピュータが自動的に論理設計を行う．

システムオンチップの開発環境ではアナログ設計の自動化も必要となる．またハードウェアやソフトウェア，OS も含めたトータルな自動化された開発環境が要求される．

図 9.5 に HDL 記述例を示す．この例では，Verilog-HDL を使用してシステム全体の機能記述を行っている．

アーキテクチャレベルからアルゴリズム，レジスタ転送レベルまでは機能，動作を記述するため，動作記述と呼ばれ，アーキテクトが利用する領域である．おもな目的は，システム全体のシミュレーションをすることである．この部分を他のシステム記述言語，例えば C 言語で記述することも

考えられるが，下流の設計に移る場合に別の言語に変換するか，書き換える必要が出てくる。

　ゲートからスイッチレベルは論理設計から論理素子の構造を記述するレベルで構造記述と呼ばれる。一般的には，動作記述から構造記述は自動的に変換される。

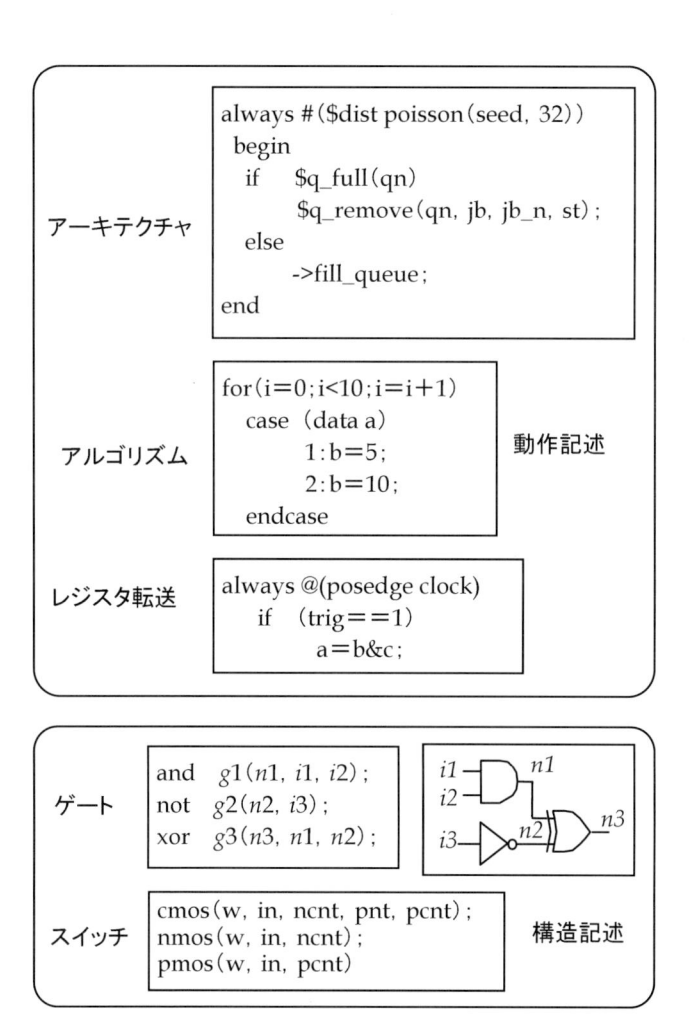

アーキテクチャ
```
always #($dist poisson(seed, 32))
  begin
    if   $q_full(qn)
         $q_remove(qn, jb, jb_n, st);
    else
         ->fill_queue;
  end
```

アルゴリズム
```
for(i=0;i<10;i=i+1)
  case (data a)
      1:b=5;
      2:b=10;
  endcase
```

レジスタ転送
```
always @(posedge clock)
  if　(trig==1)
       a=b&c;
```

動作記述

ゲート
```
and   g1(n1, i1, i2);
not   g2(n2, i3);
xor   g3(n3, n1, n2);
```

スイッチ
```
cmos(w, in, ncnt, pnt, pcnt);
nmos(w, in, ncnt);
pmos(w, in, pcnt);
```

構造記述

図 9.5　Verilog HDL の記述レベル例

まとめ

●マイクロプロセッサや VLSI システムでは，1 チップに入れる機能や回路に限界があり，いかに少ない範囲で性能を出して行くかが課題であり，その解決方法の一つとして命令を単純化する RISC 技術が生まれた。

●複雑な命令セットを CISC と呼び，初期のころは RISC と区別していたが，現在では，目的によって両者を適用していく傾向にある。

●システムオンチップの開発では，トップダウン設計手法を利用してソフトウェアも含めて設計の上流から下流までのシステム仕様を設計記述言語で記述して，コンピュータによる設計の自動化が望まれる。

演習問題

【9-1】 RISC と CISC のおのおのの特徴を述べよ。

【9-2】 マイクロプロセッサとマイクロプログラムの意味の違いを理解せよ。

第10章
システムアーキテクチャ

本章の内容

10.1 システムソフトウェア
 10.1.1 ソフトウェア体系
 10.1.2 オペレーティングシステム（OS）
10.2 性能評価
 10.2.1 性能の定義
 10.2.2 コンピュータシステムの性能評価
 10.2.3 ハードウェアの性能評価
 10.2.4 コンピュータシステムの評価実測
10.3 信頼性
 10.3.1 RASIS技術
 10.3.2 高信頼性化アーキテクチャ
まとめ
演習問題

　この章ではコンピュータキテクチャに関係するシステムソフトウェア，オペレーティングの概要，コンピュータシステムの性能評価，信頼性について述べる。性能評価では，システム性能とプロセッサ，CPUの性能指標について述べる。信頼性では，高信頼性アーキテクチャの構成について，これまでの章で述べたことをまとめる。

10.1 システムソフトウェア

10.1.1 ソフトウェア体系

ソフトウェアは，コンピュータシステムの機能を有効に活用するためのシステムソフトウェアと，利用目的に対応して情報処理システムを構築する応用ソフトウェアに分かれる。システムソフトウェアは**基本ソフトウェア**と**ミドルウェア**（middleware）に分かれる。応用ソフトウェアは，システムソフトウェアの機能を利用して実行され，ユーザに共通して使用されるものから，特定業務に限定されたものまで多種多様に存在する(図10.1)。

```
┌─────────────────────────────────────────────┐
│         応用（アプリケーション）ソフトウェア          │
│ ┌─────────────────────────────────────────┐ │
│ │ システムソフトウェア                          │ │
│ │ ┌─────────────┐ ┌─────────────────────┐ │ │
│ │ │  ミドルウェア  │ │ 基本ソフトウェア(広義のOS)│ │ │
│ │ │ ┌────┬────┐ │ │  言語処理プログラム    │ │ │
│ │ │ │DBMS│CASE│ │ │  サービスプログラム    │ │ │
│ │ │ ├────┴────┤ │ │  制御プログラム       │ │ │
│ │ │ │グラフィック処理│ │ │   （狭義のOS）       │ │ │
│ │ │ │ APIなど   │ │ │                    │ │ │
│ │ │ └─────────┘ │ └─────────────────────┘ │ │
│ │ └─────────────┘                         │ │
│ └─────────────────────────────────────────┘ │
└─────────────────────────────────────────────┘
```

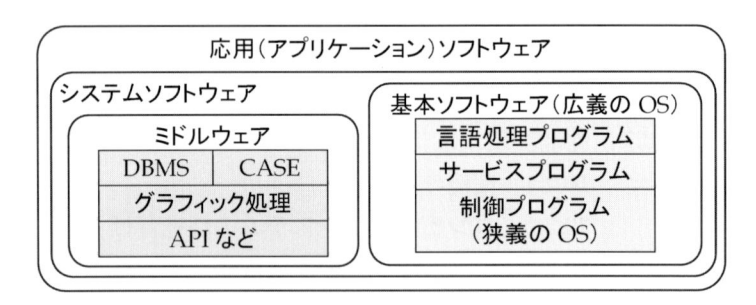

図10.1 ソフトウェア体系の例

基本ソフトウェアはコンピュータシステムの資源の有効活用するためのソフトウェアで広義の意味のOSと呼ばれる。制御プログラムはハードウェアの資源を有効活用する管理プログラムで，狭義のOSと呼ばれる。言語処理プログラムは，アセンブラ，コンパイラなどプログラム言語の翻訳にかかわり，サービスプログラムは，エディタ（テキスト編集プログラム），ライブラリ管理プログラムなど最初からシステムに組み込まれ提供される。

ミドルウェアは，アプリケーションソフトウェアと基本ソフトウェアの中間に位置付けられ，基本ソフトウェアの機能を利用して，より高いレベルの基本機能を提供する。OSと応用ソフトウェア間のインタフェースAPI（application program interface）やデータベース管理システム（DBMS：database management system），ソフトウェア開発ツール（CASE：

computer aided software engneering），グラフィック処理機能などがある。

10.1.2 オペレーティングシステム（OS）

コンピュータの資源には，情報処理の対象となるデータや仕事（job）を処理するプログラム，ハードウェア，時間などがある。OS は，コンピュータの資源を効率よく働かせるソフトウェアの集まりで，OS カーネル（核）と処理プログラムの実行を管理する制御プログラム，ファイルやデータの流れを制御するデータ管理などで構成される。

OS は動作するコンピュータアーキテクチャと密接な関係がある。プログラム制御，CPU 実行管理，仮想記憶管理，入出力管理，割込み処理，障害回復処理などの OS 機能の実現には，コンピュータアーキテクチャを理解することが重要であり，コンピュータアーキテクトは，OS の機能，実現性も考慮して，コンピュータアーキテクチャを設計する必要がある。

A. OS の目的と役割

OS はプログラムとデータの集合体で資源（resource）管理を目的とする。その結果，利用者に対しては，ハードウェアを意識することなく使用できる環境を提供する（図10.2）。

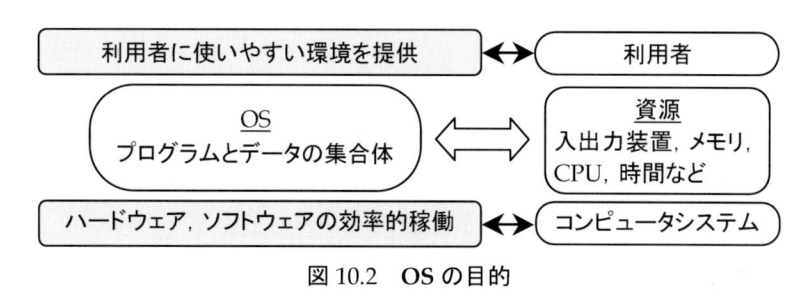

図 10.2 OS の目的

OS は主として，①資源の管理，②利用者インタフェースの提供，③コンピュータシステムの運転と管理，④障害の検出と診断，異常処理，回復処理の四つの役割を担っている。OS の種類やサポートする機種が異なっても，これらの役割は共通していえることであり，また，性能向上，信頼性向上，使い勝手の向上などでも考慮する点である。

B. OSの達成目標

OS は主として，次の四つの目標を達成する．これらの項目については，10.2節性能評価で再度述べる．

(1) スループットの向上

単位時間に処理する仕事量をスループットといい，処理能力の向上を図る手法としてマルチ（多重）プログラミング（multi programming）がある．一般的に CPU の処理時間は入出力の処理時間に比べて速いため，一つのプログラムが入出力処理を行っている間に他のプログラムが CPU を利用できれば処理能力が向上する．CPU の使用時間を複数のプログラムに分けて連続処理を行い，みかけ上プログラムを同時に実行する方式である．

(2) 応答時間の短縮

OS はユーザの要求に対してすみやかに応答する必要がある．ユーザがコンピュータに仕事の処理要求を出してからすべての処理結果が返ってくるまでの時間をターンアラウンドタイム（turn around time）といい，コンピュータに指示やデータを入力したから最初に返事（データ）が返る（出力）までの時間をレスポンスタイム（response time）といい，これらの時間が短いことが要求される（図10.3）．

```
     |←─────── ターンアラウンドタイム ────────→|
 処理                                              処理
 要求 ───── 入力 ───────────── 出力 ───────  結果
           |←── レスポンスタイム ──→|
```

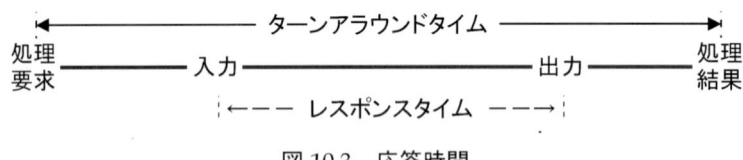

図 10.3　応答時間

(3) 信頼性の向上

情報に対しては，機密保護対策や破損防止対策が必要で，システムに対しては，システムの一部が故障してもシステム全体は正常動作するフェイルセーフ機能や多少能率を落としても完全停止には至らないフェイルソフト機能が備わっていることが必要である．

(4) 使いやすさの向上

コンピュータの操作が視覚的にできるマルチウィンドウシステムを提供するGUI（graphical user interface）やプログラミングの簡略化機能などが備わっている必要がある．

C. OS ローディング

電源投入や再起動などシステムの開始に伴い，OS を補助記憶から主記憶に読み込む手順を OS ローディングという。OS の主記憶への読込みは 2 段階方式で行われる。OS の読込み手順を以下に示す（図 10.4）。

① ブートストラップ（boot strap）は，OS を読み込むロータ（**IPL**：initial program loader）を主記憶にローディングする小プログラムのことで，通常は，ROM に格納されている。コンピュータの電源を入れたときやリセットをかけたときに自動的に動く仕組みになっている。

② IPL が OS 本体を補助記憶から主記憶に読み込み，OS を起動する。

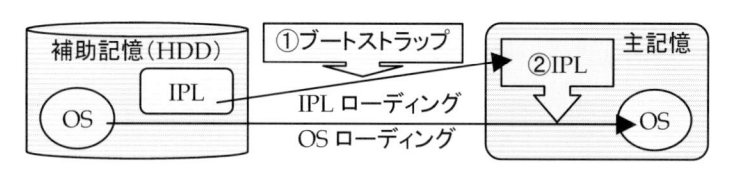

図 10.4　OS ローディングの手順

D. おもな OS

汎用大型コンピュータでは，各メーカが独自 OS を開発していたため互換性がないが，ワークステーション（WS：workstation）では UNIX が，パソコンでは Windows など，どのメーカの機種にも使用できる標準 OS が出てきている（表 10.1）。また，NetWare などは，ネットワーク専用の機能を提供するネットワーク OS で，UNIX，Windows 系の OS でも動作して，例えば，プリントサーバ機能を提供している。UNIX は，①マルチベンダー環境にあり標準化が進んでいる，②流通ソフトウェアが豊富にある，③移植性に優れている，④システム拡張性に優れていて性能レンジが広い，⑤TCP/IP によりネットワーク構築が簡単，などの特徴があり，Linux，FreeBSD などはパソコンにも移植されている。

表 10.1　おもな OS

	OS の名前	対象機種	発表年	備考
汎用機	MVS	IBM/370 シリーズ	IBM（1974）	
WS	UNIX	WS	AT&T（1964）	C 言語
PC	Windows XP	PC（パソコン）	MS（2001）	MAC/OS

10.2 性能評価

10.2.1 性能の定義

性能（performance）評価には，絶対性能評価と相対性能評価がある。絶対性能評価は，例えば，100 MIPS，データ転送速度 100 MB/s，プログラム実行時間 100 ms とか，具体的な値で示す。相対性能評価は，従来と比較してどれだけ性能改善が得られたかの性能向上率で表す。コンピュータアーキテクチャやシステムアーキテクチャの異なるコンピュータ間の性能評価では，性能評価値に影響を与えるさまざまな要因も異なるため，必ずしも正しい表価値を示すとは限らなくなる。

コンピュータシステムの性能は一般的に単位時間あたりの仕事量である処理能力（スループット）で表す。プログラムの実行時間が速ければ，スループットも向上する。コンピュータ A とコンピュータ B でのおのおののプログラム実行時間を a, b とすると，おのおのの性能は次の式で表される。

$$性能 a = \frac{1}{実行時間 a} \qquad 性能 b = \frac{1}{実行時間 b}$$

性能 a のコンピュータが性能 b のコンピュータと比較してどれだけ速いかを表す性能向上率 ab （%）は，次のように計算できる。

$$性能向上率\ ab\ (\%) = \frac{性能 a - 性能 b}{性能 b} \times 100$$

$$= \frac{実行時間 b - 実行時間 a}{実行時間 a} \times 100$$

例題 10-1

CPU クロック 1 GHz のパソコンでプログラム A の実行時間が 2.2 秒であった。1.5 GHz の CPU に置き換えたところプログラム A の実行時間が 2 秒となった。性能向上率を求めよ。

解答

(2.2−2)/2=0.1　　性能向上率は 10% となる。

10.2.2　コンピュータシステムの性能評価

性能評価の対象として，①機能，②処理コスト，③処理能力（スループット），④処理速度（ターンアラウンドタイム），⑤応答速度（レスポンスタイム），⑥ヒューマンインタフェース，使いやすさ，⑦汎用性，⑧互換性（compatibility），⑨発展性，拡張性などがある。コンピュータアーキテクチャ開発では，これらの項目を事前に評価する。

A.　評価項目

コンピュータシステムの性能は，そのデータ処理能力で表す。データ処理能力は，コンピュータを利用するユーザにより捉え方が異なる。例えば，パソコンユーザにとっては，スループットの向上を図りたい，あるいはインターネットアクセスを高速にしたいと考えるし，TSS ユーザにとっては，レスポンスタイムを速くしたいと考える。性能評価項目はユーザの目的，コンピュータシステムの適用分野によって異なる。おもな評価項目として，スループット，ターンアラウンドタイム，レスポンスタイムがある。

(1)　スループット

一定時間で処理できるデータ量で，ジョブの数，トランザクションレコードの量などがある。プログラムの単体実行では，実行時間の逆数で求まる。また，実稼働率に比例する。

(2)　ターンアラウンドタイム

仕事の投入から出力までにかかる時間で表す（図 10.5）。

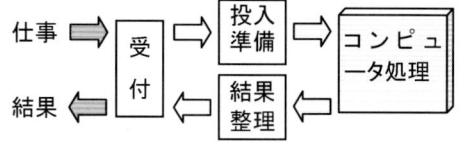

図 10.5　ターンアラウンドタイム

(3)　応答時間（レスポンスタイム）

コンピュータシステムに指令やデータを入力してから，処理結果が出力され始めるまでの時間で表す（図 10.6）。

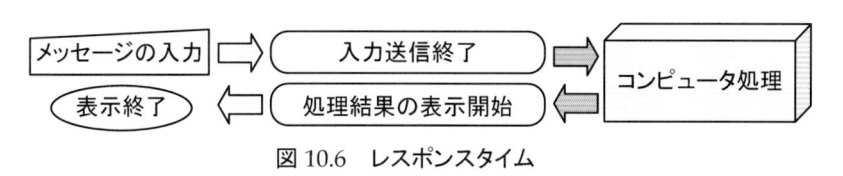

図 10.6　レスポンスタイム

10.2.3 ハードウェアの性能評価
A. ハードウェアの性能評価項目
(1) 命令の種類

CPU の性能評価尺度の一つである。命令の種類が多いコンピュータはハードウェアの処理能力が大きい。定義できる命令種類の最大値は，命令の OP コード長を n とすると

$$2^n$$

で表される。

(2) 主記憶装置の容量

主記憶の容量が大きくなると，同時にロードできるプログラム数やデータ数が大きくなり，マルチプログラミングや TSS 処理能力の向上となる。その結果，コンピュータシステム全体のスループットが増大する。

メモリアドレスビット数を n ビットとすると

メモリ容量は 2^n ビット

メモリ領域は 2^n-1 番地

で表される。

(3) 命令実行速度

命令実行速度の評価尺度としていくつかあるが，コンピュータの性能を正しく評価するとは限らないので，注意が必要である。

① **MIPS** (million instructions per second)

1 秒間に実行できる単純平均命令の数（百万単位）である。

1 MIPS＝10^6 命令／秒＝百万回／秒となる。

② **MFLOPS** (mega floating operations per second)

GFLOPS (giga floating operations per second)

1 秒間に実行できる浮動小数点演算の数（百万／億万単位）を表す。科学技術計算用コンピュータやスーパコンピュータの性能評価に使用する。

③ **KOPS** (kilo operations per second)

1 秒間に実行できる演算操作の数（千単位）を表す。

④ **KLIPS** (kilo logical inferences per second)

1 秒間に実行できる推論の回数（千単位）を表す。

(4) 命令（インストラクション）ミックス（instruction mix）

CPU 性能を表す尺度で命令の種類ごとに使う頻度に応じて重み付け（ウェイト）を行い，加重平均により求めた平均命令実行時間である。

① ギブソンミックス（Gibson mix）

科学技術計算用のプログラムに使用される出現頻度で，命令の種類ごとに重み付けをしたものである（表 10.2）。

表 10.2　ギブソンミックス例

命令の種類	ウェイト
add, sub, load, store	33.0
multiply, divide	0.8
branch	6.5
compare, shift, and, or	10.3
transfer, index	36.5
floating-point　add, sub	11.3
floating-point　multiply, divide	1.6

例題 10－2

すべての命令が 100 ns で実行できるとする。次の問いに答えよ。

（ア）MIPS を求めよ。

（イ）各命令の実行クロック数と出現頻度が以下とする。全体の平均クロックサイクル数（CPI）を求め，全体の平均命令実行時間と MIPS を求めよ。

命　令	クロックサイクル数	出現頻度（％）
add, sub, load, store	3	33.0
multiply	5	25.6
divide	7	24.2
branch	2	17.2

解答

（ア）　$\dfrac{10^9}{100 \times 10^6} = 10$ MIPS

（イ）　平均クロックサイクル数＝（3×0.33）＋（5×0.256）＋
　　　　　　　　　　　　（7×0.242）＋（2×0.172）＝4.308

平均命令実行時間＝4.308×100＝430.8 ns

求める MIPS ＝ $\dfrac{10^9}{430.8 \times 10^6}$ ＝ 2.32 MIPS

② コマーシャルミックス (commercial mix)

事務計算用のプログラムに使われる出現頻度で，命令の種類ごとに重み付けをしたものである (表10.3)。

表10.3 コマーシャルミックス例

命　令	ウェイト
arithmetic operation	9
compare	24
move	25
jump	31
edit, I/O initiation	11

(5) データの入出力速度

データ転送速度などが性能評価の対象となる (表10.4)。

表10.4 入出力データの性能指標例

入出力・補助記憶装置	性能指標
プリンタ	行／分
ハードディスク	MB/s (メガバイト／秒)
伝送回線	bps (ビット／秒)
バス性能	MB/s (メガバイト／秒)

10.2.4 コンピュータシステムの評価実測

実測により性能データを得る方法である。

(1) ベンチマークテスト (bench mark test)

実際使用する標準的なプログラムを実行して，スループットや応答時間などを実測する方法である。

(2) カーネルプログラムテスト (kernel program test)

逆行列計算など CPU 時間を多用するプログラムの実行時間を測定して CPU の性能を比較，評価する方法である。性能評価用に作った特別なプログラムを実行する。

(3) モニタリング (monitoring)

プログラム実行中のコンピュータシステム内部の状況を監視 (モニタ) により調査して，処理のネックになっているプログラム部分や装置を見つけ出す方法である。ハードウェアモニタリングとソフトウェアモニタリングがある。

10.3 信頼性

10.3.1 RASIS 技術

RASIS はコンピュータシステムの評価項目の一つである信頼性を表す。表 10.5 に信頼性評価尺度 (reliability measurements) との対応を示す。

表 10.5 RASIS

RASIS	内容	評価尺度
信頼性 reliability	故障せず,正しく処理できる性質 MTBF (平均故障間隔): mean time between failures	MTBF
可用性(稼働性) availability	必要なときにいつでも使える性質 故障回復率 μ: repair rate	稼働率
保守性 serviceability	故障を簡単に修理できる性質 MTTR (平均修理時間): mean time to repair	MTTR
完全性(保全性) integrity	間違いや故意による消失／破壊からデータを保護,万一発生しても回復できる性質	なし
機密性(安全性) security	使う権利のない人にシステムやデータを使用させない性質	なし

A. 稼働率

RAS の評価尺度として,可用性を示す指標である稼働率がよく使われる。稼働率は,信頼性の指標 MTBF と保守性の指標 MTTR から求める(表 10.6)。

表 10.6 稼働率

評価尺度	RAS	内容
$MTBF = 1/\lambda$	信頼性	故障から次の故障までの平均時間 長いほどよい FIT (failure unit) = 故障率 $\times 10^9$ 故障率 λ: failure rate 1時間以内に故障が発生する確率
稼働率 (R)	可用性	システムが正常に動作する確率 高いほどよい $R = MTBF/(MTBF + MTTR) = \mu/(\mu + \lambda)$
$MTTR = 1/\mu$	保守性	修理にかかる平均時間 短いほどよい 故障回復率 μ: repair rate

B. 複合システムの稼働率

(1) 直列系システムの稼働率

直列系システムでは，一つのユニットの故障でシステムダウンとなる。システム全体の稼働率は，おのおのの稼働率を掛けたものとなる(図10.7)。

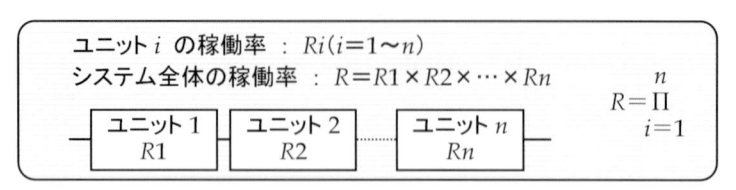

```
ユニット i の稼働率 : Ri(i=1〜n)
システム全体の稼働率 : R=R1×R2×…×Rn
                                              n
                                         R=∏
[ユニット1 R1]—[ユニット2 R2]……[ユニットn Rn]   i=1
```

図10.7 直列系システムの稼働率

(2) 並列系システムの稼働率

1ユニットどれか一つが動作すればシステム全体が動作する(図10.8)。

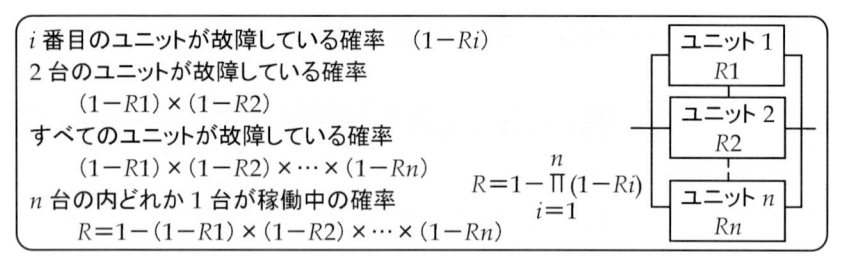

```
i 番目のユニットが故障している確率    (1−Ri)
2 台のユニットが故障している確率
    (1−R1)×(1−R2)
すべてのユニットが故障している確率
    (1−R1)×(1−R2)×…×(1−Rn)              n
n 台の内どれか1台が稼働中の確率      R=1−∏(1−Ri)
    R=1−(1−R1)×(1−R2)×…×(1−Rn)         i=1
```

[ユニット1 R1]
[ユニット2 R2]
[ユニットn Rn]

図10.8 並列システムの稼働率

(3) 直列，並列システムの複合体は，直列，並列に分解して求める

例題 10−3

3台のユニットで構成されるシステムがある。平均で100時間正常に動作(MTBF=100)，10時間修理時間(MTTR=10)が発生した場合のユニットの稼働率をR1，残り2台の各ユニットの稼働率をR2=0.93，R3=0.92とする。ユニットの稼働率R1，直列系／並列系システムの稼働率を求めよ。

解答

(1) 稼働率 R1=100/(100+10)＝0.91

(2) 直列系の稼働率＝0.91×0.93×0.92＝0.7786

(3) 並列系の稼働率＝1−(1−0.91)×(1−0.93)×(1−0.93)＝0.9995

10.3.2 高信頼化アーキテクチャ

RASの基礎技術として，障害の検出とシステムの遮断が正常に行えることが重要である。発生する障害には，間欠障害（intermittent error）と固定障害（solid error）がある。間欠障害では，障害発生個所に対して再試行（retry）を行い，回復を試みる。回復しない場合は，障害個所を切り離し（disconnect）して，システム処理を続行する。固定障害では，障害個所を切り離して，システムにダメージを与えない仕組みをアーキテクチャレベルで考慮する。

OSの制御では，誤りプロセスの異常終了処理（abortion），ファイルのクローズ，ロック中の資源の解放を行い，処理を続行する。システムの信頼性が低いと再起動に至り，最悪ではシステム停止状態となってしまう。

A. 信頼性向上の手法

信頼性向上は，コストとのトレードオフで成り立つ。一般的に，コンピュータシステムのコストが高ければ，信頼性向上にも多くの技術を投入できるが，コストの安いコンピュータシステムでは，あまり考慮されない。例えば，パソコンでは，システムダウンすれば，再起動で使えるようになる。このとき失われたファイルやデータはユーザがあきらめるしかない。アーキテクチャ設計では，コスト面を考慮して，適用な範囲で利用される。

(1) 冗長性（redundancy）

信頼性を向上する方法として，本来の機能に予備の機能を持たせ，障害発生時に代役させる。多重系，照合システムで対応する静的冗長性と再試行，障害の影響を除去する動的冗長性がある。

(2) 符号化／誤り制御

データに冗長ビットを設け，誤りの検出や訂正を可能とする。

① パリティチェック

1ビットエラーの検出は可能である。偶数個のビットの誤り，誤りビット位置の検出は不可能である。偶数（even）パリティ，奇数（odd）パリティ，水平／垂直パリティの方法がある。

② ハミングコード（hamming code）

m個のパリティビットをnビットのデータに埋め込み，合計$n+m$ビッ

トのハミングコードにすることにより，2 ビットの誤り検出（DEC：double error detecting code）と 2^m-1（$=m+n$）ビット中の 1 ビット誤り位置の検出ならびに 1 ビットのエラー訂正（SEC： single error correcting code）が可能である。

③ 巡回冗長検査 CRC（cyclic redundancy check）

入力のビット列を表す式を一定の生成多項式で割り算した誤りをチェック用符号として付加する。複数ビットの誤り検出，訂正が可能である。

④ その他

リードアフターライト，エコーチェックなどがある。

(3) 比較（compare）方式

同じ機能を持つユニットで二重系，三重系構成をとり，出力結果を比較する方法である。例えば，ALU ユニットなどに利用される。三重系構成をとった場合は，エラーが発生したユニットの特定まで可能となる。

(4) タイムアウトチェック

一定時間に応答がないことの検出により，エラー発生状態を把握する方法で，コンピュータシステムで使用されるタイマを，ウォッチドグタイマ（watch dog timer）と呼ぶ。システムハングアップ（フリーズ）状態の検出，特にチャネルや入出力インタフェース，通信制御などで使用される。

(5) 自動再試行（retry）

エラー発生時点でその操作をハードウェアまたは，OS が再試行する方法である。プログラム，命令の再試行に利用される。エラー発生ポイントは，チェックポイントと呼ばれ，回復処理では，前の状態に戻りチェックポイントリスタート処理が行われる。一過性（1 回限り）のエラーに効果がある。

(6) 切り離し／代替機構

エラーが発生した個所を利用できなくして，代わりの場所や回路，ユニットを利用する。固定故障となったメモリを異なる番地で代替したり，ハードディスクを，他の記憶装置などで代替したりする。

(7) 自動診断

定期的に診断プログラムを走らせて，エラーを検知する方法である。例として，ディスクチェックやウィルスチェックなどがある。

(8) システムの診断 (diagnosis) と保守 (maintenance)

回線やネットワークを利用して離れた場所にあるコンピュータの診断やメインテナンスを行うことをリモート診断 (remote-diagnosis) という。最近では，インターネットを利用して，ソフトウェアや入出力機器のドライバ，BIOS のバージョンアップやウィルスチェックが可能でライブアップデート (live update) とも呼ばれる。システム稼働中にその空き時間をねらって行うオンライン診断をマイクロ診断 (micro-diagnosis) という。汎用コンピュータでは，サービスプロセッサ (service processor) が診断やメインテナンス機能に対応している。

保守には**緊急保守** (EM : emergency maintenance) と**予防保守** (PM : preventive maintenance) があり，システムに重大な影響を及ぼす障害が発生した場合は早急にメインテナンスする。

B. 故障期間と保全

コンピュータシステムのライフサイクルは，ソフトウェアとハードウェアに依存する。ソフトウェアや OS が変われば，故障していないハードウェアもただの箱となってしまう。ハードウェアは，電子機器で構成されており，いずれは故障する。通常は，バスタブ曲線と呼ばれる故障サイクルをたどる（図 10.9）。

新製品の初期状態では，システムのバグが残っているため，故障率も高いが，次第に低下してくる。初期故障期間を過ぎると，安定期に入ってくる。さらに，寿命近くになると，再び故障頻度が高くなり，最後に固定故障となりその寿命を終える。

コンピュータアーキテクトの役割は，初期故障期間の故障率を低く抑えるための信頼性向上対策を設計の初期段階から盛り込むことでもある。

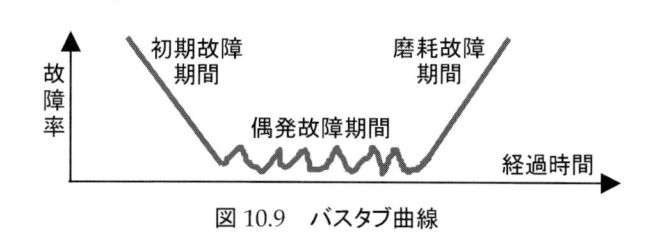

図 10.9　バスタブ曲線

C. 高信頼化システム

代表的なシステムはフォールトトレラントシステムと呼ばれる。システムの機能，各ユニットの複数化構造により，データ処理能力の向上と信頼性の向上を図る。

(1) 基本構成 (simplex system)

通常のシステム構成の場合，システム全体の稼働率は，各構成ユニットの稼働率を掛けたもので求められる。一つのユニット，機能が故障した場合は，システムダウン状態に陥りやすくなる。

$$稼働率：R = R1 \times R2 \times \cdots \times Rn$$

(2) デュプレックスシステム (duplex system)

一方をオンラインシステムとして，他方を待機システムとする二系統システム構成をとる。エラー発生時は他方系統に切替え処理続行する。

$$稼働率は並列システムに同じ：R = 1-(1-R1 \times R2 \times \cdots \times Rn)^2$$

(3) デュアルシステム (dual system)

二重系システム構成で同一処理を行い，双方の処理結果を照合する。

(4) マルチプロセッサシステム (multi processor system)

複数のCPUが主記憶，ファイルを共用する。一方のCPUがダウンすると，処理を残りのCPUで続行する。通常は，処理能力の向上を狙ったシステムとして機能する。

(5) 分散処理システム (distributed processing system)

複数のシステムをネットワークで結合し，処理を分散する。機能分散，負荷分散システムを構成する。

(6) タンデムシステム

複数のCPUを直列に接続，おのおの専門の機能を受け持つフォールトトレラントシステムである。電源も二系統構成となっている。オンライン処理，銀行関係，証券関連などで利用されている。

(7) RAID

複数のハードディスクを並列に並べ，同じデータを異なるハードディスクに書き込んで常にバックアップをとっておく。異常時は，エラーの発生したディスクを交換する。RAID5までのモードがある。

まとめ

● CPU の性能評価としてプログラムの中で命令がどのくらい出現するかの頻度を用いて実態に近い実行性能を計算する命令ミックスがある。

● 信頼性を評価する技術に RASIS があり，評価尺度として稼働率が用いられる。直列システムは，構成する1ユニットが故障するとシステム全体の停止となるが，並列システムでは稼働を続けることができ信頼性が高い。

演習問題

【10-1】 コンピュータシステムの可用性に関する次の問いに答えよ。

(1) 三つのユニットで構成される直列系システム（シンプレックスシステム）では長時間平均でみると，194 時間正常に動作して，6 時間修理時間が発生している。このときの直列系システムの稼働率を求めよ。

―[ユニット1]―[ユニット2]―[ユニット3]―

(2) 次に，上図と同じ可用性を持つ直列システムを並列に接続した。いずれか1系統が動作していれば，システムとして正常に動作しているものとすると，システム全体の稼働率を計算せよ。なお，切換ユニットの稼働率は 1.0 とする。計算式も示せ。

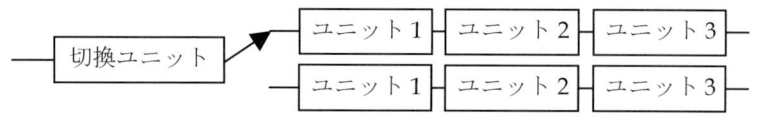

―[切換ユニット]→[ユニット1]―[ユニット2]―[ユニット3]―
                  [ユニット1]―[ユニット2]―[ユニット3]―

【10-2】 装置 a と装置 b で構成されるシステムがある。各装置の平均故障間隔（MTBF）をそれぞれ，2000 時間，3000 時間，また各装置の平均修理時間（MTTR）がともに 50 時間であるとき，このシステムの稼働率（％：有効数字 5 桁）を求めよ。ただし，装置 a と装置 b のいずれか一方が故障すると，このシステムは停止するものとする。

【10-3】 2台のコンピュータを並列に接続して使う場合，1台目と2台目のそれぞれの MTBF と MTTR，および稼働率が次の数値であるとき，おのおのの稼働率（%）とシステム全体の稼働率（%）を求めよ。（有効数字5桁）

項目	MTBF	MTTR
コンピュータ1	480 時間	20 時間
コンピュータ2	950 時間	50 時間

【10-4】 コンピュータシステムの性能に関する次の問いに答えよ。

(1) コンピュータの平均命令実行時間が $0.05\ \mu s$ のとき，このコンピュータの MIPS 値を求めよ。

(2) 1回の浮動小数点演算を実行するのに 50 命令が必要な 0.4 MIPS のコンピュータの MFLOPS 値を求めよ。

【10-5】 プロセッサのクロックサイクルが 50 ns で，各命令を実行するのに必要なクロックサイクル数と，プログラムにおける各命令の出現頻度が次の表に示す値である場合，このプロセッサの平均性能（MIPS）を求めよ。

命令の種類	クロックサイクル数	プログラムの出現頻度
加減算命令	2	30 %
乗除算命令	4	50 %
無条件分岐	7	20 %

【10-6】 高信頼化アーキテクチャについて，次の記述に該当する適当な字句を解答群の中から選べ。

① 2台のコンピュータで処理結果を照合し，異常があればそのコンピュータを切り離して処理を続行する。

② 記憶装置などを複数のプロセッサで共有して，仕事を分担処理するので，各プロセッサが有効に利用される。

③ 2台のコンピュータのうち，一方のオンラインシステムが故障した場合には，他方のオフラインシステムに切り換えて処理を続行する。

④ 構成が最も簡単であるが，故障対策が必要である。

〔解答群〕
　ア　デュプレックスシステム　　イ　デュアルシステム
　ウ　マルチプロセッサシステム　　エ　シンプレックスシステム

第 11 章
新しいアーキテクチャ

＊本章の内容＊

11.1 ノイマン型アーキテクチャの改良
 11.1.1 ノイマン型／非ノイマン型アーキテクチャ
 11.1.2 プログラム記憶方式での改良
 11.1.3 コントロール駆動逐次制御方式
 11.1.4 線形アドレス空間を持つ主記憶中心アーキテクチャ

11.2 新しい分野
 11.2.1 新しいアーキテクチャ
 11.2.2 今後のコンピュータ
 まとめ
 演習問題

 この章では，ノイマン型アーキテクチャと呼ばれるプログラム内蔵式逐次処理方式を基本とするアーキテクチャの改良型について，また新しい分野のコンピュータについて述べる。コンピュータが生まれてから半世紀が過ぎているが，コンピュータアーキテクチャの基本に大きな変化はみられず，スーパコンピュータ，汎用コンピュータ，ワークステーション，パソコンなどすべてがプログラムをコンピュータから読出し実行するタイプのアーキテクチャを踏襲している。コンピュータを適用する分野にあったコンピュータアーキテクチャが望まれる。

11.1 ノイマン型アーキテクチャの改良

11.1.1 ノイマン型／非ノイマン型アーキテクチャ

1945年に von Neumann が提案したコンピュータの基本は，プログラムもデータとして取り扱い，プログラムをメモリから逐次取り出して実行するプログラム内蔵式であった．この方式は，半世紀以上経た今日でもコンピュータの基本原理であり，ノイマン型アーキテクチャ（von Neumann type architecture）と呼ばれる．

ノイマン型アーキテクチャの基本は，

① プログラムもデータとして取り扱う
② プログラムを格納する手段（メモリ）を持つ
③ プログラムをメモリから読み出して実行する
④ プログラムの実行は逐次的に行われる

であったと考える．

非ノイマン型アーキテクチャの定義はあいまいである．今日のコンピュータはすべてノイマン型アーキテクチャの基本項目のどれかに該当する．ノイマン型アーキテクチャをプログラム内蔵式と捉えると，非ノイマン型はプログラムを内蔵しない方式となる．現在のところ，そのようなコンピュータは存在しない．

ここでは，システムアーキテクチャの観点からノイマン型，非ノイマン型を分類する．ノイマン型アーキテクチャをプログラム内蔵式で逐次処理を行うもの，言い換えると，ある単位時間に一つの情報処理，プログラム，命令の実行を行う構成をとるものと考える．

非ノイマン型は，単位時間に同時処理可能な構成をとりうるものと考える．時間的，空間的な領域での同時処理が対象として存在する．

以下，ここでは，プログラム内蔵式アーキテクチャを改良した新しいアーキテクチャについて述べる．

11.1.2 プログラム記憶方式での改良

主記憶にプログラムとデータ両方を格納する方式では汎用性，柔軟性に欠ける．これを改良したアーキテクチャである．

A． タグアーキテクチャ

各データに識別情報（タグ）を付加する．例えば，固定小数点の識別とデータの長さ，浮動小数点の識別とその長さなどをデータにタグとして付けておくと，加算命令一つですべての固定小数点の演算と浮動小数点の演算ができる（図 11.1）．

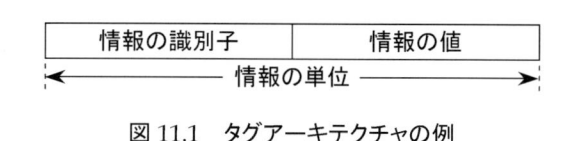

情報の識別子	情報の値

← 情報の単位 →

図 11.1　タグアーキテクチャの例

B． ハーバードアーキテクチャ

命令格納メモリ空間とデータ格納メモリ空間の分離を行い，高速化を図る．現在では，単一のメモリ空間を持つコンピュータで命令用キャッシュメモリと，データ用キャッシュメモリに分離されたアーキテクチャをハーバードアーキテクチャ（Harvard architecture）と呼んでいる．

11.1.3　コントロール駆動逐次制御方式

データ駆動（data driven）／データフロー制御のアーキテクチャでデータフローマシンと呼ばれる．必要とするオペランドが用意できた時点で，他の命令の状態とは無関係にただちに実行する．

11.1.4　線形アドレス空間を持つ主記憶中心アーキテクチャ

連想記憶（associative memory）方式と呼ばれ，メモリ内のデータアクセスをアドレスで指定するのではなく，その内容により並列にアクセスする．内容指定アドレス記憶（content addressable memory）とも呼ばれる．ページやキャッシュのマッピング（写像）に使用されている．

11.2　新しい分野

　ノイマン型を逐次処理と捉え，時間的，空間的に同時処理可能なコンピュータアーキテクチャは，並列処理技術として発展してきた．また，人間同様に考え，成長するコンピュータ，人間情報処理，知的情報処理，福祉情報処理，診療情報処理などの分野が感情処理アーキテクチャ，ナノ情報処理アーキテクチャなどの新しいアーキテクチャの可能性を広げつつある．

11.2.1　新しいアーキテクチャ
A.　並列・分散処理アーキテクチャ
　多数の処理要素による同時処理を並列処理という．各処理要素間での協調実行が必要で，同期が乱れると実質的な性能向上が難しいときもある．並列処理アーキテクチャは高速性を狙ったものでスーパコンピュータが代表的なものである．

　分散処理には処理の目的により機能分散処理と負荷分散処理があり，分散化の基盤整備として，インタオペラビリティ（相互接続性・運用性），コンシステンシ（一貫性），トランスペアレンシ（透過性）がある．

　適用分野によって，集中と分散の調和を図る．次のような構成がある．

（1）集中処理
　ホスト（含む分散プロセッサ）にパソコンなどを端末として接続した大規模システムである．

（2）垂直機能分散処理
　マネージメントサーバにワークステーションを接続した構成で，マネージメントサーバが全体の制御を行う．

（3）水平機能分散処理
　クライアント・サーバモデルにみられるように，各コンピュータが対等に接続される形態をとる．各コンピュータが独立して処理を実行するため，個々のコンピュータの性能がそれほど高くなくてもシステム全体のスループットを向上させることが可能である．

B. オープンシステム

標準化や業界標準（de facto standard）化により異なる機種やシステム間で互換性を保障するシステムで，OSI，UNIX，X-window などがある。
オープン化の条件を以下に示す。

①多ベンダ製品を利用者が自由に選択可能である。
②アプリケーションソフトウェアの移植性が高い。
③製品間で互換性がある。
④国際的で業界標準に採用される。
⑤仕様が外部に公開される。

C. ヒューマンインタフェース（マルチメディア）

インターネット，携帯電話，リモートテレビ会議システムなどマルチメディア処理を高速，大容量でコミュニケーションをとるインタフェースである。インターネットやコンピュータが人間と人間の間に入って，相手に正確に，高速にデータを伝達，交換する。ネットワークでは双方向，速度ではギガビット／秒の時代になってきている。

暗号化技術などのセキュリティ対策が求められている。

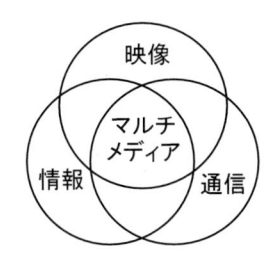

```
        映像
     ／      ＼
    マルチ
    メディア
  情報        通信
```

ディジタル処理
双方向ネットワーク
ギガビットの情報処理
仮想現実

D. 知能処理

コンピュータ処理の不得意分野の一つで，エキスパートシステムや自然言語処理の分野などがある。

(1) エキスパートシステム

コンピュータが蓄えられた知識データベースをもとに推論して，判断を行うシステムで分析型エキスパートシステム，合成型エキスパートシステ

ムなどがある。

(2) 自然言語処理

外国語を翻訳するシステムで，文章を機械的に翻訳する機械翻訳（machine translation），話し言葉を文章や音声に翻訳する自動通訳処理，多言語翻訳処理などがある。応用として，通訳コンピュータ，電子メール翻訳システムなどがある。

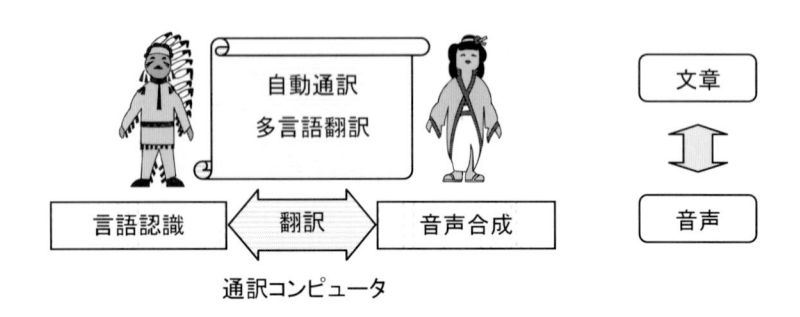

(3) ファジィコンピュータ

コンピュータは，1か0の判定の連続処理により一つの機能を実現するが，人間はどちらともいえない中間的判断を行う場合があり，人間に近いあいまいさを処理するコンピュータである。

E. 環境コンピュータ

気象状況のリアルタイム予知や天候の制御，自然災害対策を目的とする。

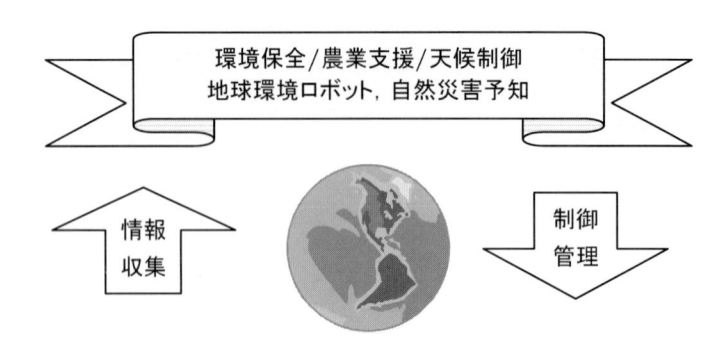

気象データの収集，分析を行うコンピュータとその情報に基づき予知や環境保全，気象管理などの制御を行う自立型システムである。

F. 宇宙コンピュータ
人工衛星や宇宙空間で活躍するコンピュータで，宇宙線などの影響を受け難い高信頼性が要求される。

G. 人間情報処理
人間の情報処理の仕組みをシステム的に分析して，具体的なシステム制御やコンピュータ制御に生かす。

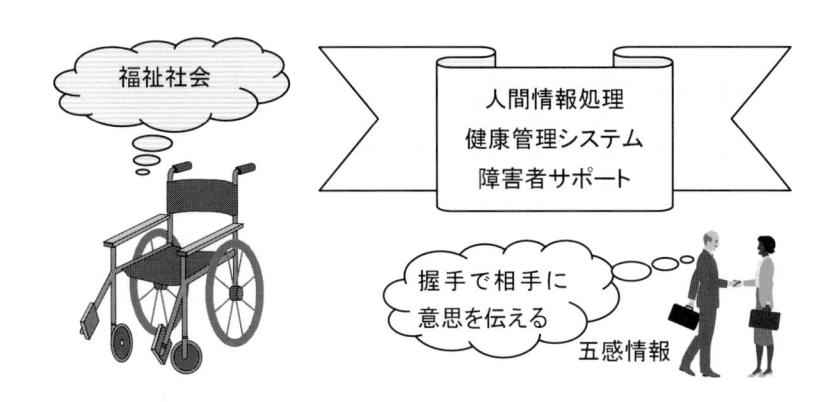

応用としてリアルタイム遠隔診療システム，医療情報管理システム，感情処理システム，福祉情報処理システム，人間型ロボットなどがある。

H. 人工生命（artificial life）コンピュータ

感情を理解するのでなく，生命誕生の研究を目的に生物と同じ振舞いをするもので，仮想生物とも呼ばれる。人間同様に学習能力を備え知識情報が成長するコンピュータや知性を理解するコンピュータへの発展が考えられる。

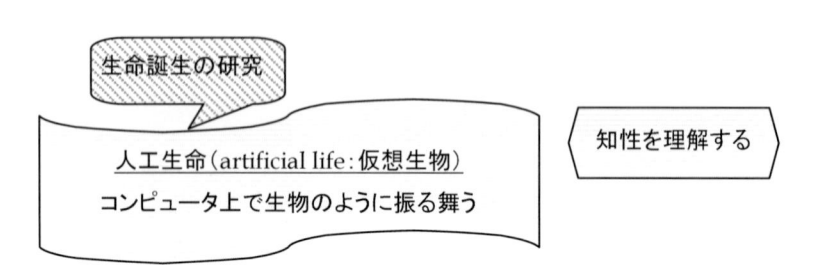

```
           生命誕生の研究

   人工生命（artificial life：仮想生物）        知性を理解する
   コンピュータ上で生物のように振る舞う
```

I. バイオコンピュータ

シリコンベースの半導体素子を細胞などの分子レベルの有機物で置き換えるコンピュータである。論理素子の大きさが半導体素子に比べて微細化でき，バイオコンピュータそのものを固体でなく流体化するなどの特徴が生まれる。生体との親和性が高いことから人間や動物の治療にも応用できる。より進んだ形では DNA レベルでのアーキテクチャや DNA コンピュータも考えられる。

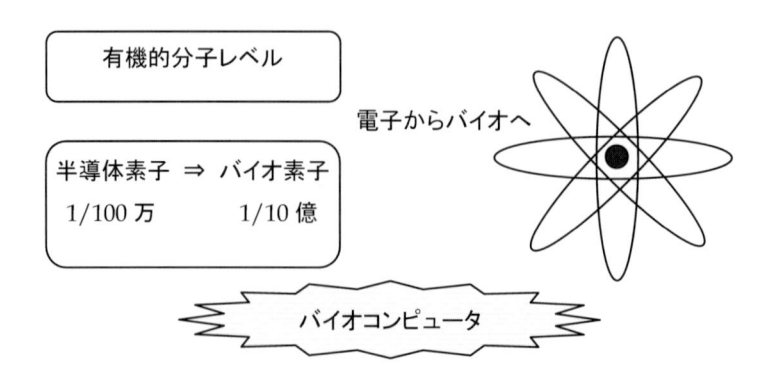

```
   有機的分子レベル

                              電子からバイオへ
   半導体素子 ⇒ バイオ素子
   1/100万      1/10億

           バイオコンピュータ
```

J. ニューロコンピュータ

生物の頭脳をモデル化して，学習により知識を獲得しながら情報処理を進めて行くコンピュータで頭脳の基本素子は神経細胞ニューロン（neuron）で，神経回路網（ニューラルネット）の構築により，同時データ交換を可能にする。

脳と同じ作りをする完全実装型とモデル化する仮想型がある。

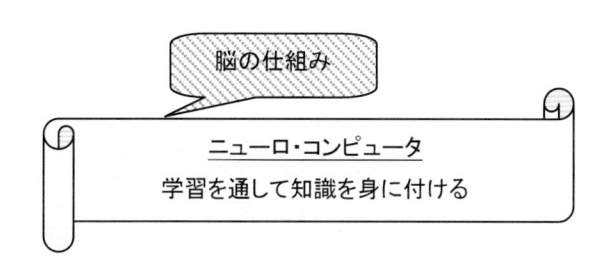

```
       ┌─ 脳の仕組み ─┐
       
    ニューロ・コンピュータ
   学習を通して知識を身に付ける
```

11.2.2 今後のコンピュータ

21 世紀はギガビットの時代に突入している。パソコンでも，1 GHz のマイクロプロセッサ，1 Gbps の通信速度，1GB の主記憶は達成されている。当面は，10 ギガビットが目標となる。その次は，100 ギガビットとなっていくであろう。

アーキテクチャは，プログラム内蔵式のノイマン型アーキテクチャは今後もコンピュータの基本として，特にマイクロプロセッサの分野でますます発展していく。

また，このアーキテクチャは 2 進数と，テクノロジ，シリコン素子を基本にして発展してきたとも考えられる。シリコンの限界が近づいたとき，ナノテクノロジの発展に伴い本当の意味でのノイマン型でない，革新的な新しいコンピュータアーキテクチャが生まれる可能性がある。

感情処理アーキテクチャ，考えるコンピュータ，成長するコンピュータなど人間とコンピュータとの融和が求められる新しいコンピュータアーキテクチャの時代が来ることを期待したい。

まとめ

● 逐次処理をノイマン型アーキテクチャ，それ以外を非ノイマン型アーキテクチャと位置付け多くのアーキテクチャが発展してきているが，プログラム内蔵式アーキテクチャをノイマン型と考えると斬新的なアーキテクチャが出てきていないのが現状である。

● 今日のパソコンを含めコンピュータが発展した背景には，テクノロジに依存する部分がかなり大きい。

演習問題

【11-1】 コンピュータの得意とする能力と人間の得意とする能力とを比較せよ。

演習問題解答例

第 1 章

【1-1】 入力, 記憶, 演算, 出力, 制御
入力装置：データを読み込む。
記憶装置：データを蓄える。
演算装置：四則／論理演算をする。
出力装置：データを送出／表示する。
制御装置：命令の実行制御をする。

【1-2】 入力：眼, 耳。 出力：口, 手足。
記憶, 演算, 制御：頭脳。

【1-3】 ハードウェア機能とソフトウェア機能とのインタフェースである機械語レベルを定義したもの。

【1-4】 コンピュータシステムは OS を含むシステムソフトウェアとハードウェアで構成され, 情報処理システムは, コンピュータシステムに分野別, 目的別の機能を処理するアプリケーションソフトウェアをのせたもの。

【1-5】 プログラム内蔵方式

第 2 章

【2-1】 最初に 10→2 進数変換を行う。

	2 進数	8 進数	16 進数
①	11001	31	19
②	1000111	107	47
③	111111	77	3F
④	1011111	137	5F

【2-2】 ①01110011　②1001001

【2-3】 ①27　②65　③83　④29　⑤171　⑥3387

【2-4】 ①000001011011　②11001101　③372　④315　⑤91　⑥46　⑦FA　⑧2E

【2-5】 ①0　②1

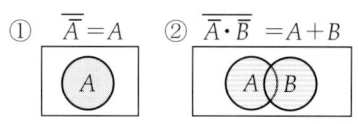

【2-6】
① $\overline{\overline{A}} = A$　② $\overline{\overline{A} \cdot \overline{B}} = A + B$

③ $\overline{A} + A = 1$　④ $\overline{A} \cdot A = 0$

【2-7】 ①0001　②0001110

【2-8】 ①0110　②010101

【2-9】 ①11111　②1000

【2-10】 2,048 バイト

第 3 章

【3-1】
(1) LD GR1,2,GR3　LD GR4,12,GR2

レジスタ	
GR0	10
GR1	1536 ← ~~12~~
GR2	100
GR3	102
GR4	111 ← ~~50~~

(2) LD GR2,5,GR2　　LD GR3,0,GR3

レジスタ	
GR0	10
GR1	1536
GR2	63 ← ~~100~~
GR3	101 ← ~~102~~
GR4	111

(3) ADD GR2,6,GR3

　　SUB GR4,2,GR3

レジスタ	
GR0	10
GR1	1536
GR2	428 ← ~~63~~
GR3	101
GR4	88 ← ~~111~~

(4) ST GR1,9,GR3　　ST GR2,10,GR3

　　ST GR3,11,GR3　　ST GR4,12,GR3

レジスタ		番地	データ
GR0	10	110	1536 ← ~~125~~
GR1	1536	111	428 ← ~~325~~
GR2	428	112	101 ← ~~111~~
GR3	101	113	88 ← ~~457~~
GR4	88	114	329

【3-2】

メリット…制御回路の単純化，高速化が図れる。パイプライン処理，並列処理に向いている。

デメリット…複雑な処理に多くの命令を必要とし，かえって時間がかかる場合がある。

第 4 章

【4-1】　①$T=Si/Sp$　　②$Ti=Si/m$

　　　　③$Tp=Sp/m$

【4-2】　$0.95 \times 10 + (1-0.95) \times 500 = 34.5$

【4-3】　ヒット率を α とすると

$20\alpha + 100(1-\alpha) \leq 25$ となる。

$\alpha = 0.9375$ で 93.75 %である。

第 5 章

【5-1】　正の数 01100011×01011010 と考える。01011010 のブースコーディングは 1-110-11-10 である。

```
            0 1 1 0 0 0 1 1
         ×) 1-11 0-11-1 0
   1 1 1 1 1 1 1 1 0 0 1 1 1 0 1
   0 0 0 0 0 0 0 1 1 0 0 0 1 1
   1 1 1 1 1 1 0 0 1 1 1 0 1
   0 0 0 0 1 1 0 0 0 1 1
   1 1 1 0 0 1 1 1 0 1
   0 0 1 1 0 0 0 1 1
   0 0 1 0 0 0 1 0 1 1 0 0 1 1 1 0
```

答えは 0010001011001110 となる。

10 進数では 8910 である。

【5-2】　(1)符号付き 2 進数であるので，演算の桁合せで符号ビットを拡張する必要があることに注意する。11000 は 111000 としてそのまま加える。

答えは 010111（23）となる。

(2)の答えは 0100111（39）となる。

【5-3】　右算術シフトの場合は，符号ビットを右に拡張してシフト演算を行う。

答えは 16 進数表現で F3 となる。

【5-4】　16 進数小数の演算過程

```
         1B . 1
      +) 21 . 3
         3C . 4
```

答えは 00111100.0100 となる。

演習問題解答例　*197*

第 6 章

【6-1】 $0.9 \times 1 + 0.1 \times 20 = 2.9$

【6-2】 矢印の数 $= 6(6-1)/2 = 15$

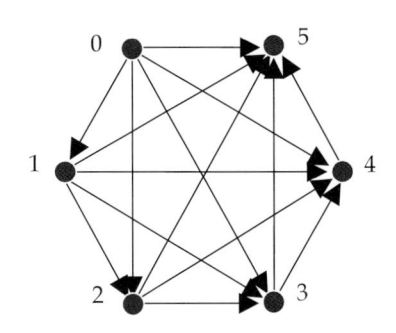

【6-3】 $32\text{KB}/512\text{B} = 32{,}768/512 = 64$

【6-4】 a 仮想記憶方式　b ページ
　　　 c ページフォールト　d ページイン
　　　 e ページアウト　f ページング

第 7 章

【7-1】 例えばデータ幅で考えるとSCSIはパラレルインタフェース，USBとIEEEはシリアルインタフェース，SEL，MPX，BMXはすべてパラレルインタフェースである。

【7-2】
　a アクセスアーム　b 磁気ヘッド
　c シリンダ　d 転送時間
　e 回転待ち時間　f 1/2
　g セクタ　h 追記型光ディスク装置
　i 光磁気ディスク装置
　j 半導体記憶装置

【7-3】 66.7MB/s

第 8 章

【8-1】 本文を参照

【8-2】 ①モデム　②半二重伝送
　　　 ③全二重伝送

第 9 章

【9-1】 本文を参照

【9-2】 本文を参照

第 10 章

【10-1】 (1) 0.97
　　　　(2) $1 - (1-0.97) \times (1-0.97) = 0.9991$

【10-2】 直列システムと考える 95.962 %

【10-3】 コンピュータ1の稼働率　96 %
　　　　コンピュータ2の稼働率　95 %
　　　　システム全体の稼働率　99.8 %

【10-4】 (1) $1/0.05 = 20$ MIPS
　　　　(2) $0.4/50 = 0.008$ MFLOPS

【10-5】 ①各命令の平均クロックサイクル数を求める。
　　　　（加減算 $2 \times 0.3 = 0.6$）＋（乗除算 $4 \times 0.5 = 2.0$）＋（分岐 $7 \times 0.2 = 1.4$）＝ 4
　　　　②全体の平均命令実行時間を求める。
　　　　4×50 ns $= 200$ ns
　　　　③MIPSを求める。
　　　　$10^9/200/10^6 = 5$ MIPS

【10-6】 ①イ　②ウ　③ア　④エ

第 11 章

【11-1】 人間・・・感情，知能，想像力
　　　　コンピュータ・・・正確さ，高速

参考文献

（1）Patterson ほか：コンピュータ・アーキテクチャ，日経 BP 社（1994）
（2）相磯秀夫ほか：計算機アーキテクチャ，岩波書店（1982）
（3）大條廣：入門計算機概論，オーム社（1993）
（4）坂村健：コンピュータ・アーキテクチャ，共立出版（1984）
（5）齋藤忠夫ほか：計算機アーキテクチャ，オーム社（1993）
（6）相磯秀夫ほか：電子計算機Ⅰ，コロナ社（1992）
（7）飯塚肇：電子計算機Ⅱ，コロナ社（1990）
（8）飯塚肇：コンピュータシステム，オーム社（1994）
（9）浅井宗海：新コンピュータ概論，実教出版（1999）
（10）安藤明之：情報処理概論三訂版，実教出版（2003）
（11）浦昭二ほか：情報処理システム入門，サイエンス社（2001）
（12）久保秀士：OS 概論，共立出版（1995）
（13）吉田敬一：教養・コンピュータ，共立出版（1995）
（14）安藤明之ほか：コンピュータ基礎の総合研究，技術評論社（1998）
（15）池田克夫：オペレーティングシステム論，コロナ社（1984）
（16）富永四志夫ほか：マイコンストーリー，日本電子工業振興協会（1987）
（17）冨澤治：VLSI 用コンピュータ・アーキテクチャ，昭晃堂（1989）
（18）情報処理学会：特集：命令セットアーキテクチャ，情報処理学会誌 Vol. 29, No. 12 (1988)
（19）石坂充弘：データ通信，オーム社（2001）
（20）神原弘之ほか：ハードウェア記述言語の比較，情報処理学会誌 Vol. 33, No. 11, pp. 1269-1283
（21）野地保：主要なハードウェア記述言語の特徴と標準化状況：2.4Verilog HDL，情報処理学会誌 Vol. 33, No. 11, pp. 1263-1268
（22）T. Noji *et al*.：Design and Implementation of Synthesis Prediction in RTL Design, Systems & Computers in Japan, Vol. 27, No. 11, pp. 41-52

索引

あ行

アーキテクチャ　2
アクセスタイム　100
アセンブラ言語　43
アドレス指定（addressing）　46
アドレス変換（address translation）　104
アドレスモード（address mode）　46
誤り検出符号（error detecting code）　35
誤り訂正符号（ECC）　36
アルゴリズム（algorithm）　85
アンダフロー　30
アンパック　31
インタリーブ方式（interleave）　108
インデックス修飾アドレス　48
ウェイ（way）　108
エキスパートシステム　189
エミュレータ　64
演算アーキテクチャ　10
おいてけぼり制御　68
応用ソフトウェア　4, 168
オーバフロー　30
オーバラップ　67
オフライン　127
オペランド（operand）　42
オペランド先行制御　68
オペレーティングシステム（OS）　2, 169
オンライン　127

か行

回線交換サービス（DDX-C）　135
会話型処理システム　143
仮数　30, 93
仮想アドレス　103
仮想記憶　103
仮想空間　103
仮想端末（virtual terminal）　138
仮想ネットワーク　138
稼働率　177
可変長データ　16
可変長命令　44
緩衝記憶（buffer memory）　110
間接アドレス（indirect address）　47
記憶階層（memory hierarchy）　97
機械語（machine language）　2, 11, 42
基数　19
奇数パリティ（odd parity）チェック　35
基数変換　22
ギブソンミックス（Gibson mix）　175
基本ソフトウェア　168
キャッシュメモリ　110
キャラクタ　16
緊急保守（emergency maintenance）　181
空間的局所性（locality in space）　98
偶数パリティ（even parity）チェック　35
クライアント・サーバシステム　137
クロックサイクル　18
桁落ち　30
公衆回線（交換回線）　134
五大機能　8
固定小数点　29
固定長データ　16
固定長命令　44
コード化（encode）　33
コピーバック（copy back）　115
コマーシャルミックス（commercial mix）　176
コンピュータアーキテクチャ　2, 169
コンピュータアーキテクト　3, 96, 169, 181

コンピュータシステム　4, 141, 162, 173
コンピュータネットワーク　134

さ行

サイクルタイム　100
サービス統合ディジタル網（ISDN）　135
サブルーチンジャンプ　62
サブルーチンリターン　62
時間的局所性（locality in time）　98
資源（resource）　169
シーケンス　62
指数　30
システムアーキテクチャ　4
システムオンチップ　164
実効アドレス（effective address）　46
自動再試行（retry）　180
指標レジスタ（index register）　42
シフト演算　84
写像（memory mapping）　104
周期冗長検査（CRC）　36
主記憶　96
情報落ち　30
情報処理　3
除数（division）　92
真理値表（truth value）　37
垂直型マイクロプログラム方式　61
水平型マイクロプログラム方式　60
ストアイン（store in）　115
ストア（store）命令　11, 43, 50
スーパスカラ　71
スーパパイプライン　71
スループット　170
制御アーキテクチャ　10
制御語（control word）　59
セットアソシアティブ方式　114
セレクタチャネル（SEL）　121
先行制御方式（advanced control）　67
全体集合（union）　38
全二重伝送　136
専用回線　134

相対アドレス（relative address）　47
即値（immediate）　45
即値アドレス（immediate address）　49
疎結合　140
ソフトウェア　2
ゾーン形式　28

た行

タグアーキテクチャ　187
ターンアラウンドタイム　170
タンデムシステム　182
単方向伝送（simplex transmission）　136
逐次制御（sequential control）方式　67
チャネル（channel）　121
チャネルプログラム　126
直接アドレス（direct address）　46
通信回線　134
通信制御装置（CCU）　147
ディジタル回線終端装置（DSU）　147
ディスクキャッシュ（disk cache）　110
データ回線終端装置（DCE）　145
データキャッシュ　111
データ収集システム　144
データ端末装置（DTE）　147
データ分配システム　144
デュアルシステム（dual system）　182
デュプレックスシステム　182
問合せ応答システム　144
動的アドレス変換（DAT）　106
ドモルガンの定理　38
トレードオフ　3, 96, 158, 179

な行

ニーモニック（表意）記号　43
入出力アーキテクチャ　10
入出力制御装置（IOC）　120
ネットワークアーキテクチャ　11, 137
ノイマン型アーキテクチャ　4, 186
ノーライトアロケート（no write allocate）　115

は行

排他的論理和（XOR）　37
バイト　16
バイトマルチプレクサチャネル（MPX）　122
ハイパーパイプライン　71
パイプライン　68
パイプラインステージ（段：stage）　68
パイプラインストール　70
パイプラインハザード　71
パケット交換サービス（DDX-P）　135
バスアーキテクチャ　58
バスタブ曲線　181
バースト（burst）モード　121
パック形式　28
バッチ処理　144
ハードウェア　2
ハードウェア記述言語（HDL）　164
ハードディスク　130
ハーバードアーキテクチャ　187
ハミングコードチェック　36
パリティチェック　35
バンク　108
半二重伝送　136
汎用レジスタ（general register）　42
引放し法（non-restoring method）　92
引戻し法（restoring method）　92
被除数（dividend）　92
ビット　16
ビット演算　84
ヒット率（hit rate）　112
ファームウェア（firmware）　63
復合化（decode）　33
ブースコーディング方式　91
布線論理制御方式（wired logic）　57
物理アドレス　103
物理空間　103
浮動小数点　30
ブートストラップ（boot strap）　171
部分集合（subset）　38
フルアソシアティブ方式　114
ブール代数（Boolean algebra）　37
プログラムチェック割込み　73
プログラム内蔵方式　2, 8
フローチャート　85
ブロックマルチプレクサチャネル（BMX）　122
フロッピディスク　130
プロトコル（protocol）　137
ブロードバンド（broadband）　134
分散処理システム　140
平均アクセス時間（平均アクセスタイム）　112
ページ置換アルゴリズム　105
ページフォールト（page fault）　105
ページング方式　105
ベースレジスタ修飾アドレス　48
ベン図　38
ベンチマークテスト（bench mark test）　176
ボー（baud）　135
補集合（complement）　38
補助記憶装置　10
補助単位　17
補数　27

ま行

マイクロアーキテクチャ　154
マイクロ診断（micro-diagnosis）　59, 181
マイクロ操作（μ op：micro operation）　59
マイクロプログラム　59
マイクロプロセッサ　152
マイクロ命令（micro instruction）　60
マルチプレクサチャネル　122
マルチプログラミング　170
マルチプロセッサシステム　141, 182
ミス率　112
密結合　141
ミドルウェア（middleware）　168
命令キャッシュ　111
命令形式　42
命令コード（OP）　42
命令セットアーキテクチャ　2, 42
命令先行制御　67

命令ミックス（instruction mix） 175
メッセージ交換システム 145
メモリアーキテクチャ 10
メモリアドレスレジスタ 46, 99
メモリインタリーブ 71, 108
メモリデータレジスタ 46, 99
メモリマップ入出力 120
モデム（MODEM） 134, 146

や行

予防保守（preventive maintenance） 181

ら行

ライトアラウンド（write around） 115
ライトアロケート（write allocate） 115
ライトストール（write stall） 115
ライトスルー（write through） 114
ライトバック（write back） 115
ライトバッファ（write buffer） 115
リモートバッチ処理 143
例外（exception） 73
レジスタ（register） 11, 42, 78
レスポンスタイム（response time） 170
連想記憶（associative memory） 102
ロード（load）命令 43
論理アドレス 103
論理演算 37
論理空間 103
論理積（AND） 37
論理否定（NOT） 37
論理和（OR） 37

わ行

ワイヤードロジック方式（wired logic） 57
ワード 16
割込み（interruption/interrupt） 73

欧数字

2進形式 28
2進数 20
2線式回線 134
4線式回線 134
8進数 20
10進形式（BCD） 28
16進数 20
ADSL 134
ALU（arithmetic and logic unit） 10, 78
AM（amplitude modulation） 146
AND（logical product） 37
ANSI 34, 128
API（application program interface） 168
ASCII 34
ATA（AT attachment）/ATAPI 128
BCD（binary coded decimal） 28
BMX（byte multiplexer channel） 122
Boolean algebra 37
bps（ビット/秒） 135
CAS（column access strobe） 100
CASE 168
CASL II 43
CCU（communication control unit） 147
CD-ROM 11
CISC 158
COMET II 43
CPI（cycles per instruction） 18
CPU（central processing unit） 10
CRC（cyclic redundancy check） 36, 180
CSW（chanel status word） 126
DAT（dynamic address translation） 106
DBMS（database management system） 168
DCE 145
DDX（digital data exchange） 135
DMA（direct memory access） 122
DNS（domain name system） 138
DRAM（dynamic RAM） 99
DSU（digital service unit） 145
DVD 11, 130

索引

EBCDIC　33
ECC (error correcting code)　35
E-IDE (enhanced IDE)　128
EM (emergency maintenance)　181
FEP (front end processor)　147
FIFO (first in first out)　105
FLOPS　174
Flynn　65
FM (frequency modulation)　146
Gibson mix　175
GUI (graphical user interface)　170
HDD　130
HDLC　149
HIO (halt I/O)　126
IDE (integrated drive electronics)　128
IEEE　30
IEEE1394　129
I/O (input-output)　10
IOC (I/O controller)　120
IPL (initial program loader)　171
ISDN　135
ISO　33
JIS (Japan industrial standards)　34
J. von Neumann　8
KLIPS　174
KOPS (kilo operations per second)　174
LAN (local area network)　136
LRU (least recently used)　115
LSB　17
LSD　17
μ op (micro operation)　60
MIMD　65
MIPS (million instructions per second)　174
MISD　65
MO　11
MODEM (modulator demodulator)　145

MPX (byte multiplexer channel)　122
MSB (most significant bit)　17
MSD (most significant digit)　17
MTBF (mean time between failures)　177
MTTR (mean time to repair)　177
NetWare　140, 171
NFP (not found probability)　112
NOS (network operating system)　140
NOT (logical negation)　37
OMR　10
OR (logical sum)　37
OS (operating system)　169
OSI (open systems interconnection)　139
PC アーキテクチャ　154
PCI　124
PIO (programmed I/O)　122
PM (phase modulation)　146
PM (preventive maintenance)　181
PSW (program status word)　75
RAID　126
RAM　10
RAS (row access strobe)　100
RASIS　177
RISC　159
RS-232C　129
SCSI　129
SEL (selector channel)　121
SIMD　65
SIO (start I/O)　126
SISD　65
SRAM (static RAM)　99
TCP/IP　138
TLB (translation look aside buffer)　106
USB (universal serial bus)　129
VLSI　162
XOR (exclusive OR)　37

Memorandum

Memorandum

著者紹介

野地　保
(のじ　たもつ)

長崎大学大学院博士課程修了
工学博士
元 東海大学教授

わかりやすく図で学ぶ
コンピュータアーキテクチャ

2004年 2 月10日　初版 1 刷発行
2023年 9 月10日　初版14刷発行

検印廃止
NDC 007

ISBN978-4-320-12092-1

著　者　野地　保　ⓒ 2004
発行者　南條　光章
発行所　共立出版株式会社

東京都文京区小日向 4 丁目 6 番19号
電話　東京(03)3947-2511 番（代表）
郵便番号112-0006
振替口座 00110-2-57035 番
URL　www.kyoritsu-pub.co.jp

印　刷　星野精版
製　本　協栄製本

一般社団法人
自然科学書協会
会員

Printed in Japan

JCOPY 〈出版者著作権管理機構委託出版物〉
本書の無断複製は著作権法上での例外を除き禁じられています．複製される場合は，そのつど事前に，出版者著作権管理機構（TEL：03-5244-5088，FAX：03-5244-5089，e-mail：info@jcopy.or.jp）の許諾を得てください．

編集委員：白鳥則郎（編集委員長）・水野忠則・高橋　修・岡田謙一

未来へつなぐデジタルシリーズ

❶ インターネットビジネス概論 第2版
片岡信弘・工藤　司他著‥‥‥208頁・定価2970円

❷ 情報セキュリティの基礎
佐々木良一監修／手塚　悟編著 244頁・定価3080円

❸ 情報ネットワーク
白鳥則郎監修／宇田隆哉他著‥208頁・定価2860円

❹ 品質・信頼性技術
松本平八・松本雅俊他著‥‥‥216頁・定価3080円

❺ オートマトン・言語理論入門
大川　知・広瀬貞樹他著‥‥‥176頁・定価2640円

❻ プロジェクトマネジメント
江崎和博・髙根宏士他著‥‥‥256頁・定価3080円

❼ 半導体LSI技術
牧野博之・益子洋治他著‥‥‥302頁・定価3080円

❽ ソフトコンピューティングの基礎と応用
馬場則夫・田中雅博他著‥‥‥192頁・定価2860円

❾ デジタル技術とマイクロプロセッサ
小島正典・深瀬政秋他著‥‥‥230頁・定価3080円

❿ アルゴリズムとデータ構造
西尾章治郎監修／原　隆浩他著 160頁・定価2640円

⓫ データマイニングと集合知 基礎からWeb，ソーシャルメディアまで
石川　博・新美礼彦他著‥‥‥254頁・定価3080円

⓬ メディアとICTの知的財産権 第2版
菅原政孝・大谷卓史他著‥‥‥276頁・定価3190円

⓭ ソフトウェア工学の基礎
神長裕明・郷　健太郎他著‥‥202頁・定価2860円

⓮ グラフ理論の基礎と応用
舩曳信生・渡邉敏正他著‥‥‥168頁・定価2640円

⓯ Java言語によるオブジェクト指向プログラミング
吉田幸二・増田英孝他著‥‥‥232頁・定価3080円

⓰ ネットワークソフトウェア
角田良明編著／水野　修他著‥192頁・定価2860円

⓱ コンピュータ概論
白鳥則郎監修／山崎克之他著‥276頁・定価2640円

⓲ シミュレーション
白鳥則郎監修／佐藤文明他著‥260頁・定価3080円

⓳ Webシステムの開発技術と活用方法
速水治夫編著／服部　哲他著‥238頁・定価3080円

⓴ 組込みシステム
水野忠則監修／中條直也他著‥252頁・定価3080円

㉑ 情報システムの開発法：基礎と実践
村田嘉利編著／大場みち子他著 200頁・定価3080円

㉒ ソフトウェアシステム工学入門
五月女健治・工藤　司他著‥‥180頁・定価2860円

㉓ アイデア発想法と協同作業支援
宗森　純・由井薗隆也他著‥‥216頁・定価3080円

㉔ コンパイラ
佐渡一広・寺島美昭他著‥‥‥174頁・定価2860円

㉕ オペレーティングシステム
菱田隆彰・寺西裕一他著‥‥‥208頁・定価2860円

㉖ データベース ビッグデータ時代の基礎
白鳥則郎監修／三石　大他編著 280頁・定価3080円

㉗ コンピュータネットワーク概論
水野忠則監修／奥田隆史他著‥288頁・定価3080円

㉘ 画像処理
白鳥則郎監修／大町真一郎他著 224頁・定価3080円

㉙ 待ち行列理論の基礎と応用
川島幸之助監修／塩田茂雄他著 272頁・定価3300円

㉚ C言語
白鳥則郎監修／今野将編集幹事・著 192頁・定価2860円

㉛ 分散システム 第2版
水野忠則監修／石田賢治他著‥268頁・定価3190円

㉜ Web制作の技術 企画から実装，運営まで
松本早野香編著／服部　哲他著 208頁・定価2860円

㉝ モバイルネットワーク
水野忠則・内藤克浩監修‥‥‥276頁・定価3300円

㉞ データベース応用 データモデリングから実装まで
片岡信弘・宇田川佳久他著‥‥284頁・定価3520円

㉟ アドバンストリテラシー ドキュメント作成の考え方から実践まで
奥田隆史・山崎敦子他著‥‥‥248頁・定価2860円

㊱ ネットワークセキュリティ
高橋　修監修／関　良明他著‥272頁・定価3080円

㊲ コンピュータビジョン 広がる要素技術と応用
米谷　竜・斎藤英雄編著‥‥‥264頁・定価3080円

㊳ 情報マネジメント
神沼靖子・大場みち子他著‥‥232頁・定価3080円

㊴ 情報とデザイン
久野　靖・小池星多他著‥‥‥248頁・定価3300円

＊続刊書名＊

コンピュータグラフィックスの基礎と実践

可視化

（価格，続刊書名は変更される場合がございます）

【各巻】B5判・並製本・税込価格

共立出版

www.kyoritsu-pub.co.jp